T0129617

essentials

essentials liefern aktuelles Wissen in konzentrierter Form. Die Essenz dessen, worauf es als „State-of-the-Art" in der gegenwärtigen Fachdiskussion oder in der Praxis ankommt. *essentials* informieren schnell, unkompliziert und verständlich

- als Einführung in ein aktuelles Thema aus Ihrem Fachgebiet
- als Einstieg in ein für Sie noch unbekanntes Themenfeld
- als Einblick, um zum Thema mitreden zu können

Die Bücher in elektronischer und gedruckter Form bringen das Fachwissen von Springerautor*innen kompakt zur Darstellung. Sie sind besonders für die Nutzung als eBook auf Tablet-PCs, eBook-Readern und Smartphones geeignet. *essentials* sind Wissensbausteine aus den Wirtschafts-, Sozial- und Geisteswissenschaften, aus Technik und Naturwissenschaften sowie aus Medizin, Psychologie und Gesundheitsberufen. Von renommierten Autor*innen aller Springer-Verlagsmarken.

Ayaz Abdullayev · Ali Najafov ·
Huseyn Gafarov · Shahid Yusubov ·
Sevda Adgezalova

Entwicklung eines innovativen Planetengetriebes

Ayaz Abdullayev
Azerbaijan Technical University
Baku, Azerbaijan

Ali Najafov
Azerbaijan Technical University
Cologne, Deutschland

Huseyn Gafarov
Azerbaijan Technical University
Baku, Azerbaijan

Shahid Yusubov
Azerbaijan Technical University
Baku, Azerbaijan

Sevda Adgezalova
Azerbaijan Technical University
Baku, Azerbaijan

ISSN 2197-6708   ISSN 2197-6716   (electronic)
essentials
ISBN 978-3-658-42937-9   ISBN 978-3-658-42938-6   (eBook)
https://doi.org/10.1007/978-3-658-42938-6

Die Deutsche Nationalbibliothek verzeichnet diese Publikation in der Deutschen Nationalbibliografie; detaillierte bibliografische Daten sind im Internet über http://dnb.d-nb.de abrufbar.

Planung/Lektorat: Eric Blaschke
Springer Vieweg ist ein Imprint der eingetragenen Gesellschaft Springer Fachmedien Wiesbaden GmbH und ist ein Teil von Springer Nature.
Die Anschrift der Gesellschaft ist: Abraham-Lincoln-Str. 46, 65189 Wiesbaden, Germany

Das Papier dieses Produkts ist recyclebar.

Was Sie in diesem *essential* finden können

- Kreativer Ansatz zur Entwicklung eines Planetengetriebes
- Eine innovative Model der Planetengetriebe

Vorwort vom Rezensent

Das vorliegende Werk richtet sich an Ingenieurinnen und Ingenieure in industrieller Praxis, Forschung und Studium und bietet methodische Unterstützung bei der Entwicklung von Planetenradgetrieben.

Die vorgeschlagene und am Beispiel eines Planetenradgetriebes für einen Kugelmühlenantrieb vorgestellte Methodik stellt dabei die Zielgrößen Zuverlässigkeit und Wirtschaftlichkeit in den Vordergrund und beschreibt, wie systematisch aufbauend auf Referenzen aus dem Stand der Forschung und der Vorgängergeneration neue Lösungen synthetisiert und durch frühe Simulation und Rapid-Prototyping validiert werden können.

Das Buch skizziert zudem, wie die Erreichung der Zielgrößen in der Konstruktion durch Optimierung der Gestaltparameter basierend auf dem früh validierten kinematischen Konzept unterstützt werden kann. Besonders hervorzuheben ist die systematische Bestimmung der Planeten-Anzahl unter Berücksichtigung der dynamischen Beanspruchbarkeit und der Schwingungseigenschaften des Gesamtsystems.

Der Mehrwert der Anwendung der Methodik wird am Beispiel des Kugelmühlenantriebs deutlich und verspricht Übertragbarkeit auf weitere Anwendungsfälle.

Univ.- Prof. Dr.-Ing. Dr. h. c. Albert Albers
Sprecher der Institutsleitung und stellv. wiss. Sprecher
KIT Zentrum Mobilitätssysteme Mitglied von acatech –
DEUTSCHE AKADEMIE DER TECHNIKWISSENSCHAFTEN
Karlsruher Institut für Technologie (KIT)
IPEK – Institut für Produktentwicklung

Inhaltsverzeichnis

Über die Autoren

Ayaz Abdullayev, geboren am 02.06.1940, Dr.Ing. habil., Professor, ehrenamtlicher ingenieur. In 1963 graduierte er an der Aserbaidschanischen Polytechnischen Hochschule. Seit 1965 arbeitet er an AzTU. Von 1976 bis 2016 leitete er Lehrstuhl für „Maschinenelemente". Derzeit ist er beratender Professor am Institut für Maschinenkonstruktion und Mechatronik.

Ali Najafov, geb. am 11.09.1961, Dr.Ing.habil., Professor. 1983 graduierte er an der Aserbaidschanischen Polytechnischen Hochschule als Maschinenbau-Ingenieur. 1986–2019 arbeitete er in AzTU; 2016–2019 leitete er der Lehrstuhl für Maschinedesign und das Forschungsinstitut für Maschinenwesen der AzTU. Derzeit ist er in Deutschland tätig.

Huseyn Gafarov, geboren am 09.11.1990, hat seinen Master-Abschluss in „Technologische Maschinen" gemacht Im Jahr 2013. Doktorand der Abteilung für Maschinenkonstruktion und Mechatronik der AzTU. Derzeit bei „Azercotton AIC" LLC als 1.Stellvertretender Geschäftsführer tätig.

Shahid Yusubov, geboren am 28.08.1963, Dr.Ing. In 1985 graduierte er an der Aserbaidschanischen Polytechnischen Hochschule. Seit 1986 arbeitet er an der AzTU. Derzeit ist er als Dozent am Lehrstuhl für Maschinendesign und Mechatronik der AzTU tätig.

Sevda Adgezalova, geboren am 08.03.1963. im Jahr 1985 graduierte sie an der Aserbaidschanischen Staatlichen Universität in angewandter Mathematik. Arbeitet seit 2001 als Ingenieurin am Lehrstuhl für Maschinenkonstruktion und Mechatronik der AzTU.

Allgemeine Bestimmungen. Problemanalyse

In den letzten Jahren haben die Maßnahmen zur technologischen Verbesserung von Maschinen und Anlagen immer mehr an Bedeutung gewonnen. Zur bestmöglichen und effektivsten Nutzung der verschiedenen im Maschinenbau vorhandenen Reserven zur Verbesserung der Qualitätskennzahlen von entwickelten Maschinen ist eine wissenschaftlich fundierte Auswahl ihrer kinematischen Schemata und von Verbesserungsmethoden notwendig. Dabei sollte jede Verbesserung mit einer möglichen Steigerung der vorausgewählten Qualitätskennziffern einhergehen.

In der überwiegenden Mehrheit der modernen technischen Maschinen und Elemente werden Getriebe unterschiedlicher Bauart als Übertragungsmechanismus verwendet. Nicht umsonst hat sich der Getriebebau zu einer eigenständigen Branche entwickelt, die sich derzeit in folgenden Richtungen entwickelt:

- neue Normen werden entwickelt, um die wissenschaftliche sowie methodische Einheitlichkeit der Auswahl aller charakteristischen Parameter von Getrieben zu rationalisieren und sicherzustellen;
- die bestehenden kinematischen Schemata der Getriebe werden verbessert;
- neue konstruktive Formen der Getriebe werden entwickelt und umgesetzt;
- Schwingungen und Geräusche sind wichtige Produkteigenschaften moderner Getriebe, die bereits im Entwicklungsprozess bewertet werden müssen;
- Zuverlässigkeitsparameter werden normiert und der Begriff „Technisches Niveau" reglementiert;
- zwecks der Zentralisierung und Spezialisierung der Getriebeproduktion wird eine breite Vereinheitlichung ihrer Lastparameter gewährleistet;

- die Berechnungsnormen werden unter Verwendung des systemprobabilistischen Verfahrens zur Tragfähigkeitsberechnung von Getrieben entwickelt;
- es werden neue Herangehensweisen an die Materialauswahl für die Konstruktionselemente von Getrieben geschaffen.

1.1 Zementproduktion mit einer Kugelmühle

Die Zementproduktion ist aufgrund ihres hohen Energiebedarfs eine strategisch wichtige Industrie bei der Bekämpfung des Klimawandels.

In modernen Zementwerken wird das Mahlen von Zementklinker mit Rohrkugelmühlen (Abb. 1.1) durchgeführt.

In den Rohrkugelmühlen sind hauptsächlich folgende technologische Schemas zum Mahlen verwendet:

- Mahlen von Klinker in einem offenen Zyklus (Abb. 1.2a),
- Mahlen von Klinker in einem geschlossenen (abgeschlossenen) Zyklus (Abb. 1.2b).

Die Kugelmühlen mit offenem Kreislauf haben beeindruckende Gesamtabmessungen und Leistungen und werden in Zementwerken immer noch verwendet. Die Länge dieser Kugelmühlen ist 4–5 mal so groß als ihr Durchmesser. Derzeit verwenden Zementwerke die Kügelmühlen mit 13 bis 15 m Gesamtlänge und 2,6 bis 4 m im Durchmesser und einer Produktivität beim Mahlen von Zementklinker zu einem Rückstand von 8–10 % auf dem Sieb No.: 008 von 25 bis 90 t/h. Die eingesetzten Elektromotoren dabei haben eine Leistung zwischen 1000 und 3200 kW. Für Kugelmühlen mit offenem Kreislauf ist das Mahlen von Zementklinker auf eine spezifische Oberfläche von $3000\,cm^2/g$ naturlich begrenzt.

Aufgrund des erhöhten Energieverbrauchs zum Mahlen von Zementklinker, der Erhöhung seiner Temperatur, der großen Menge an zu zerkleinertem Material und dem beschleunigtem Verschleiß von Mahlkugeln und Panzerplatten ist die Gewinnung weiterer hochdispergierter Produkten nicht sinnvoll. Aus diesen Gründen gelten die Kugelmühlen mit offenem Kreislauf als veraltet.

Die Kugelmühlen mit abgeschlossenem Kreislauf zur Produktion von hochwertigem Portlandzement mit einer spezifischen Oberfläche von mehr als $3000\,cm^2/g$ sind in den meisten modernen Zementwerken weltweit verbreitet. Der in dieser Kugelmühle zerkleinerte Zementklinker gelangt in den Separator, in dem die Zementpartikel mit einer Größe bis zu 40 μm extrahiert wird. Größere

Abb. 1.1 Die Kugelmühle zur Zementproduktion

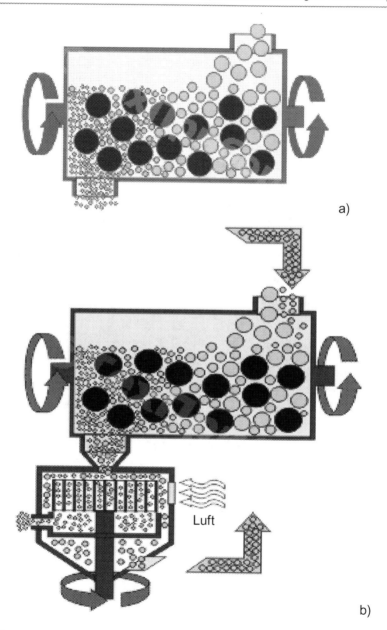

a)

b)

Abb. 1.2 Das Mahlen von Zementklinker in Kugelmühlen: **a** in einem offenen, **b** in einem geschlossenen Kreislauf

Partikel werden zur erneuten Vermahlung in die Kugelmühle zurückgefördert. So werden Partikel der erforderlichen Größe kontinuierlich aus der Masse des zerkleinerten Zementklinkers entfernt. Das Übervermahlung von Partikeln, die besonders zur Aggregation und zum Anhaften an den Mahlkugeln und Mühlenwänden tendieren, wird dadurch erheblich reduziert. So schafft der Einsatz von Kugelmühlen mit abgeschlossenem Kreislauf die Möglichkeit, hochwertigen Portlandzement im industriellen Maßstab zu gewinnen. Darüber hinaus zeichnet sich das Zementmahlen in Kugelmühlen mit abgeschlossenem Kreislauf durch mehr Flexibilität aus, die die Produktion von Portlandzement mit unterschiedlicher Feinheit und Aktivität ermöglicht.

Die Hauptnachteile von Kugelmühlen mit abgeschlossenem Kreislauf sind die Komplexität und Kosten der Prozessausrüstung, hoher Stromverbrauch sowie die Ansammlung von schwer zu zerkleinernden Partikeln, die durch den Separator nicht klassifiziert und zur Wiedervermahlung zurückgesetzt werden müssen. Dabei reduzieren diese Partikel die Produktivität erheblich, da sie eine häufige Reinigung der Arbeitskammer notwendig machen. Dies erfordert die Suche nach besseren, wirtschaftlicheren Wegen zum Mahlen von Zementklinker, die zur Reduzierung der Produktionskosten beitragen.

Diese können unter anderem auch die Maßnahmen umfassen, die aufgrund kreativer Ansätze zur Kostenreduzierung der Produktionsausrüstungen durch Verminderung des Materialverbrauchs des Mühlenantriebs bei gleichzeitiger Gewährleistung seiner Leistungskriterien, zur rationellen Nutzung der eingesetzten Energie, zur Reduzierung des Materialverbrauchs der Kugeln und Panzerplatten, zur günstigeren Verteilung der Gesamtübersetzung zwischen verbauten Planetengetrieben, Erweiterung seiner kinematischen Möglichkeiten sowie Verkleinerung der Größe (und damit Massenreduktion) den Planetenräder seinen Getrieben führen.

Die breiten kinematischen Möglichkeiten der Planetengetriebe, die als Übertragungsmechanismus in Kugelmühlen weit verbreitet sind, sind einer ihrer Hauptvorteile. Da die Kraft in diesen Getrieben durch mehrere Leistungsflüsse, die der Anzahl der Planetenräder entsprechen, übertragen wird, kann die Zahnbelastung in jeder Verzahnung vielfach reduziert werden. Bei einer symmetrischen Anordnung der Planetenräder gleichen sich die Kräfte in den Verzahnungen gegenseitig aus. Dadurch werden Verluste und Vibration des mechanischen Systems reduziert.

Diese Arbeit widmet sich der Entwicklung und umfassende Effektivitätsanalyse der Verwendung einer neuen innovativen Konstruktionsvariante der Planetengetriebe im Bezug auf die Kugelmühle unter Berücksichtigung grundlegender Anforderungen bei der Entwicklung von Planetengetrieben (Abb. 1.3).

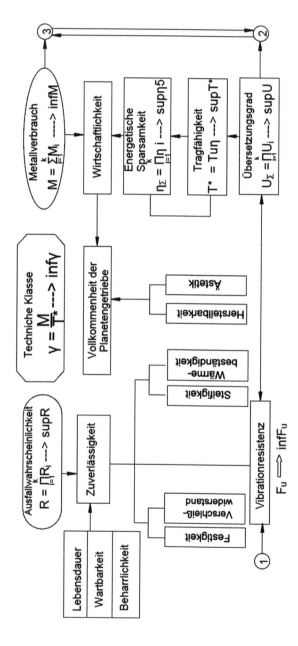

Abb. 1.3 Die Grundvoraussetzungen für die Entwicklung und Systemanalyse der charakteristischen Parameter eines innovativen Planetengetriebes

1.2 Der Übertragungsmechanismus des Antriebs von Kugelmühlen für die Zementproduktion

Als Übertragungsmechanismen vom Kugelmühlen werden häufig James-Planetengetriebe vom Typ „2k-H" mit Gesamtübersetzung von $u_\Sigma = 51{,}36$ und drei umlaufenden Planetenrädern (Abb 1.4) verwendet.

Die analysierte Mühle ist im Zementwerk „Norm" in Baku/Aserbaidschan im Einsatz und wird von einem Elektromotor mit einer Leistung $P_m = 6300$ kW und einer Drehzahl von $n_m = 750$ min^{-1} angetrieben. Laut technischen Unterlagen

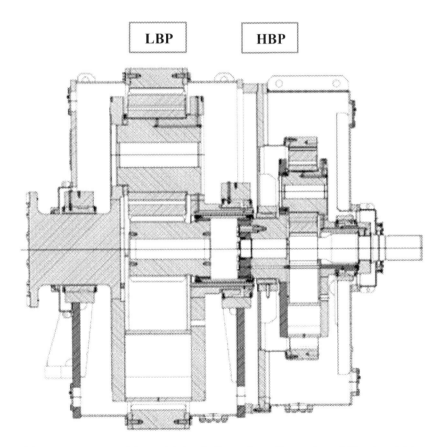

Abb. 1.4 Der Kugelmühlenantrieb für die Zementherstellung, mit zwei Planetengetrieben vom Typ „2 K-H" der Firma James

beträgt die zulässige Gehäusevibration des vorhandenen Planetengetriebes $v = 4,0$ mm/s. In Tab. 1.1 sind die wichtigsten technischen Kennzahlen der Kugel-mühlen-Planetengetriebe nach ISO6336-1.2.3.5.B gezeigt.

Die aus der Produktion gewonnenen statistischen Daten zeigen jedoch, dass während des Betriebes der Kugelmühle die Schwingungsamplitude des Getriebe-gehäuses den zulässigen Wert deutlich überschreitet. Dies führt zu einem vor-zeitigen Ausfall seiner „schwachen" Konstruktionselemente, deren Reparatur (Austausch) mit hohen Kosten verbunden ist.

Bei der vorläufigen Analyse der bestehenden Konstruktion des Übertragungs-mechanismus des Kugelmühlenantriebs wurden folgende Merkmale festgestellt:

- Die Gesamtübersetzung des Antriebs zwischen leicht- und hochbelasteten Planetengetrieben ist nicht günstig verteilt.
- Um die Gesamtgröße des Antriebs bei gleichbleibender Belastbarkeit zu redu-zieren, ist es erforderlich, das Übersetzungsverhältnis der leicht- und hochbe-lasteten Stufen zu verringern.
- Mit einer Erhöhung des Übersetzungsgrades der Getriebestufen nehmen die Abmessungen und folglich die Massen der Planetenräder zu, was zu einer

Tab. 1.1 Technische Kennzahlen der Kugelmühlen-Planetengetriebe nach ISO6336-1.2.3.5.B

Name, Zeichen und Maßeinheit der Parameter	Parameterwert	
	LBP	HBP
Zähnezahl der Zahnräder $z_1/z_2/z_3$	23/71/166	24/51/126
Wälzkreisdurchmesser der Sonnenräder d_{wa}, mm	276	600
Normalmodul m_n, mm	12	25
Übersetzungsverhältnis des Getriebes	8,217	6,250
Achsabstand zwischen Sonnen- und Planetenrädern, a_w mm	567	937,5
Normaleingriffswinkel, α°	20°	
Dauerfestigkeitswert für die Zahnfußbeanspruchung σ_{Flim}, N/mm²	500/350/259	
Dauerfestigkeitswert für die Flankenpressung σ_{Hlim}, N/mm²	1500/1500/600	
Lastverteilungsfaktor zwischen den Planetenrädern, κ_ω	1,1	
Sicherheitsfaktor für die Flankenpressung, s_H	1,98/2,06/2,84	1,9/1,97/2,31
Oberflächenhärte von Zahnradzähnen	58HRc/58HRc/200HB	
Sicherheitsfaktor für die Zahnfußbeanspruchung, s_F	4,94/3,35/2,69	4,3/2,98/2,32

Erhöhung der Inertionskraft – der Vibration des gesamten mechanischen Systems – führt.

- Um die Größe der Sonnenräder bei gleichbleibender Gesamttragfähigkeit des Antriebes zu reduzieren, muss die Anzahl der umlaufenden Planetenräder sowohl der leicht- als auch der hochbelasteter Stufe zu erhöht werden.
- Um die Antriebsvibrationen zu reduzieren, ist es erforderlich, die Anzahl der Planetenräder der leicht- und hoch belasteten Antriebsstufen zu erhöhen, was eine Verdopplung oder Verdreifachung der radialen Planetenräder erfordert.

Um die oben genannten Bestimmungen zu erreichen, schlugen die Autoren einen originellen konzeptionellen Ansatz zur Entwicklung eines innovativen Planetengetriebe für den Kugelmühlenantrieb vor (Abb. 1.5).

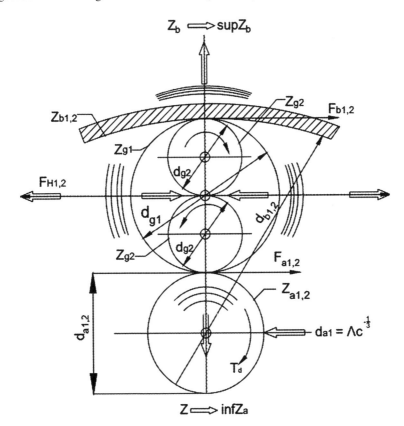

Abb. 1.5 Das Erweiterungskonzept der technischen Möglichkeiten des Planetengetriebes vom Typ «2 K-H»

Die Entwicklung des innovativen Planetengetriebes vom Typ «2 K-H» mit verdoppelten oder verdreifachten radialen Planetenrädern

2

2.1 Existierende Konstruktionslösungen von Planetengetrieben

Die Synthese von Planetengetrieben mit erforderlicher Gesamtübersetzung, minimalen Gesamtabmessungen und Gewicht ist eine wichtige Aufgabe in der Entwicklung moderner innovativer Maschinen und Anlagen. Dabei werden die gängigsten Planetengetriebe betrachtet (Abb. 2.1).

Die notwendigen Voraussetzungen, welche die Erfüllung der technischen Aufgabe sicherstellen, sind in Abb. 2.2 dargestellt.

Die Konstruktionsschemas typischer Planetengetriebe, die Gleichungen zur Bestimmung und empfohlene Wertebereich des Übersetzungsverhältnisses sowie Richtwerte für den Wirkungsgrad sind in Abb. 2.3 dargestellt. Daraus folgt, dass bei zweireihigen Planetengetrieben mit einer Erhöhung der Gesamtübersetzung deren Wirkungsgrad deutlich abnimmt.

Von allen möglichen Varianten des Planetengetriebes sind die einreihigen Planetengetriebe des Typs „2 K-H" den Getrieben der Kugelmühlen im technischen Wesen am nächsten. Sie bestehen aus einem Gehäuse, das fest mit dem Hohlrad verbunden ist, mit koaxial gelegtem Sonnenrad, Zahnrädern mit beweglichen Achsen, auch Planetenräder genannt. Die Rotationsachse der Verbindung, auf der die Planetenräderlager installiert sind, dem sogenannten Steg, ist die Hauptachse. Gleichzeitig, im Vergleich zu anderen Planetengetrieben, beinhalten die kinematischen Schemas dieser Planetengetriebe die Möglichkeit, deutlich kleinere Abmessungen und Gewichte bei gleichzeitigem Erhalt den mechanischen Eigenschaften ihrer Konstruktionselemente zu realisieren.

A. Abdullayev et al., *Entwicklung eines innovativen Planetengetriebes*, essentials, https://doi.org/10.1007/978-3-658-42938-6_2

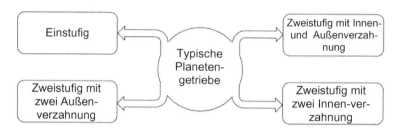

Abb. 2.1 Die Klassifizierung der gängigsten Planetengetriebe

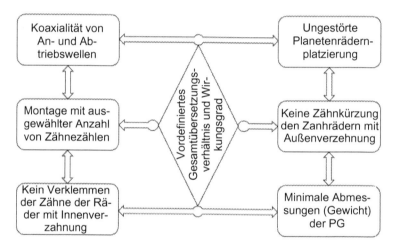

Abb. 2.2 Notwendige Anforderungen für die Synthese von Planetengetrieben, welche die Erfüllung der Bedingungen der technischen Aufgabe sicherstellen

In Abb. 2.4, 2.5 und 2.6 sind jeweils die Entwürfe von ein- und zweireihigen Planetengetrieben des James-Typs „2 K-H" sowie die Platzierung und somit Lastverteilung zwischen den drei umlaufenden Planetenrädern des verbauten zweireihigen Planetengetriebes dargestellt.

Die **Hauptnachteile** des Planetengetriebes vom Typ „2 K-H" des klassischen Designs sind folgende:

- erhöhte Anforderungen an die Präzision in der Herstellung und Installation;
- eine Erhöhung des Übersetzungsverhältnisses führt zu einer Vergrößerung des Durchmessers der umlaufenden Planetenräder und damit zu Trägheitslasten;

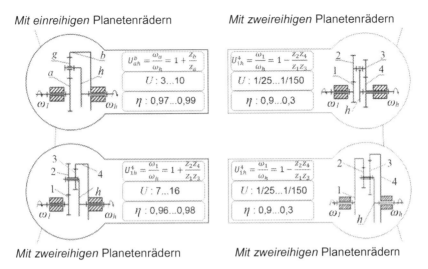

Abb. 2.3 Strukturdiagramme, Formeln für die Definition und Bereiche des Übersetzungsverhältnisses und Wirkungsgrads typischer Planetengetriebe

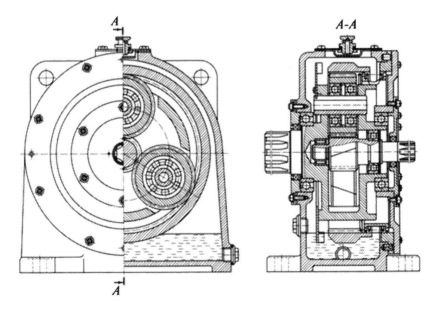

Abb. 2.4 Die Konstruktion eines einreihigen James-Planetengetriebes *vom Typ „2 K-H"*

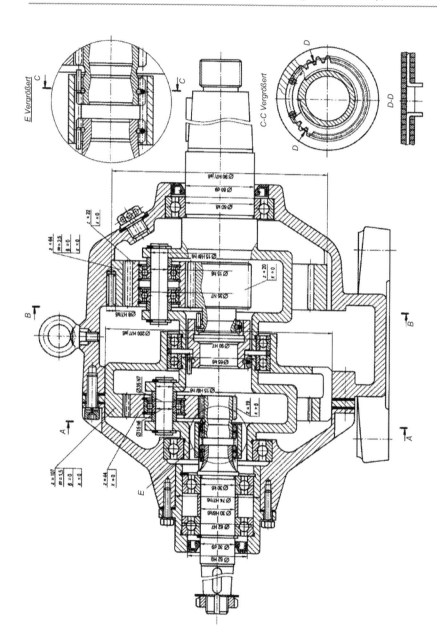

Abb. 2.5 Die Konstruktion eines zweireihigen James-Planetengetriebes vom Typ „2 K-H"

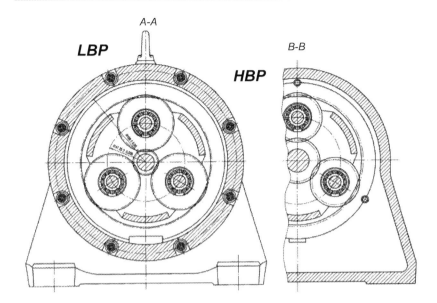

Abb. 2.6 Die Platzierung von drei Planetenrädern um *zentrale Zahnräder des James-Planetengetriebes Typ „2 K-H"*

- mit einer Zunahme der Anzahl der Planetenräder verschlechtert sich die Nachbarschaftsbedingung, d. h., das, Vorhandensein einer garantierten Lücke zwischen den Planetenrädern wird verletzt;
- bei einer geringen Anzahl von Planetenrädern erhöht sich der Wälzkreisdurchmesser des Sonnenrades und damit die Gesamtabmessungen und das Gewicht des Getriebes;
- da die Anzahl der umlaufenden Planetenräder vom Verhältnis der Wälzkreisdurchmesser der zentralen Zahnräder abhängt, ist es nicht möglich, mehr als drei umlaufende Planetenräder im Getriebe zu platzieren.

2.2 Kreativer Ansatz zur Entwicklung eines innovativen Planetengetriebes

Die Erfüllung der Anforderungen an die Genauigkeit der Herstellung und Installation, die Verringerung von Vibrationen, die Erhöhung der Anzahl der Planetenräder und des Übersetzungsverhältnisses, die Verringerung der Gesamtabmessungen und die Möglichkeit, mehr als drei umlaufende Planetenräder zu platzieren, sind die wichtigsten Voraussetzungen für die Entwicklung eines innovativen Planetengetriebes. Um die Größe und das Gewicht zu verringern sowie das Übersetzungsverhältnis zu erhöhen und die Schwingungen bei herkömmlichen Planetengetrieben zu reduzieren, wird der Übergang von klassischen Planetengetrieben „2 K-H" mit einzelnen radialen (umlaufenden) Planetenrädern (Option I) zu Planetengetrieben mit doppelten (Option II) oder dreifachen (Option III) radialen Planetenrädern vorgeschlagen, Abb. 2.7.

Eine Möglichkeit, mehr als drei umlaufende Planetenräder platzieren, ohne deren Außendurchmesser zu kreuzen, ist es, den Grundkreisdurchmesser des Sonnenrades zu reduzieren. Einzelne Planetenräder werden unter Beibehaltung des Gesamtübersetzungsverhältnisses in zwei oder drei radiale Planetenräder zerlegt, was auch die Trägheitskräfte und damit die Schwingungen des Planetengetriebegehäuses deutlich

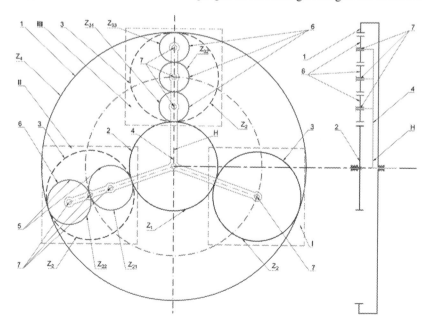

Abb. 2.7 Kinematisches Schema des innovativen Planetengetriebes

reduziert. Somit wird eine günstige Voraussetzung für die Erhöhung der Gesamt-übersetzung des Getriebes geschaffen, indem mehr als drei umlaufende Planeten-räder im mechanischen System platziert werden können.

Bei doppelten radialen Planetenrädern (5) mit beweglichen Achsen (Variante II) dreht sich der Steg um die Achse des Sonnenrads in gleicher Richtung, und bei dreifachen radialen Planetenrädern (6) mit beweglichen Achsen (Variante III) in die entgegengesetzte Drehrichtung des Sonnenrads.

Diese Merkmale beeinflussen das erzielte Ergebnis erheblich – die Ver-ringerung der Schwingung des Gehäuses des Planetengetriebes und die Erhöhung des technischen Niveaus des mechanischen Systems bei gleichzeitiger Gewähr-leistung seiner günstigen Montage.

Das entwickelte Planetengetriebe enthält ein Gehäuse, das mit einem Hohl-rad mit Innenzähnen (1) fest verbunden ist, koaxial dazu liegt ein Sonnenrad mit Außenzähnen (2), Zahnräder mit beweglichen Achsen – die Planetenräder (3); ein Steg (4), auf dem die Planetenräder gelagert sind, dessen Drehachse die Haupt-achse ist; zwei (5) oder drei (6) radiale Planetenräder, die auf dem Steg platziert sind und sich auf den Lagern (7) frei um ihre Achsen drehen.

Die Autoren **entwarfen, fertigten und testeten** ein Arbeitsmodell einer in-novativen Designlösung für ein Getriebe mit doppelten Planetenrädern für die Kugelmühle in der Zementproduktion (Abb. 2.8).

Abb. 2.8 Das Arbeitsmodell eines innovativen Planetengetriebes mit doppelten radialen Planetenrädern vom Typ „2 K-H"

Basierend auf den vorläufigen Ergebnissen wurde festgestellt, dass das vorgeschlagene Design im Vergleich zum bestehenden Antrieb folgende Vorteile hat:

- der Hauptnachteil ist beseitigt – günstige Bedingungen wurden geschaffen, um die Anzahl der umlaufenden Planetenräder auf mehr als drei zu erhöhen;
- die Amplitude der Schwingung wurde deutlich reduziert;
- die Montage der Konstruktionselemente des Antriebs wurde vereinfacht;
- der Antrieb hat relativ kleine Gesamtabmessungen;
- es ist möglich, das Übersetzungsverhältnis des Antriebs zu erhöhen;
- das technische Niveau des eingebauten Planetengetriebes ist erhöht.

3 Auswahl der optimalen Parameter für das innovative Planetengetriebe mit verdoppelten oder verdreifachten Planetenrädern

3.1 Optimalitätskriterium, Zielfunktion und Parametereinschränkungen

Das Entwurf des verbauten Planetengetriebes des Kugelmühlenantriebs ist einer der Aufgabenaspekte, die zur Auswahl einer optimalen Variante dieses mechanischen Systems führen. Gleichzeitig hängt der erfolgreiche Betrieb der optimalen Version des Planetengetriebes weitgehend von den Kopplungsgleichungen (Gleichgewicht, Festigkeit, Steifigkeit usw.) ab, die die Bedingungen zwischen den Strukturelementen und den Gesetzen des Arbeitsprozess widerspiegeln. Diese Gleichungen sind ein System, das eine bestimmte Anzahl von variablen Parametern enthält. Deren Variation führt zu verschiedenen Varianten des Planetengetriebes.

In der Regel sind Änderungen der variablen Parameter innerhalb bestimmter Grenzen zulässig, die durch Betriebsbedingungen des Planetengetriebes, seines technischen Niveaus, seiner Herstellungstechnologie, seiner Wettbewerbsfähigkeit und, den Normenanforderungen usw. bestimmt werden. Dementsprechend werden den Optimierungsparametern funktionale, feste und diskrete Einschränkungen auferlegt, die jeweils die Form a), b) und c) haben:

$$
\left.
\begin{aligned}
a) \quad & \psi_s(x) \equiv \psi_s(x_1, x_2, ..., x_n) > 0 \\
b) \quad & x_i \in [a_i, b_i], \quad (i = 1, 2, ..., n) \\
c) \quad & x_i \in (x_{i1}, x_{i2}, ..., x_{im}) > 0
\end{aligned}
\right\}
\tag{3.1}
$$

Darüber hinaus können einige oder alle variablen Parameter Zeichenbeschränkungen $x_i \geq 0$ aufweisen. Offensichtlich kann das Planetengetriebe seine

© Der/die Autor(en), exklusiv lizenziert an Springer Fachmedien Wiesbaden GmbH, ein Teil von Springer Nature 2024
A. Abdullayev et al., *Entwicklung eines innovativen Planetengetriebes*, essentials, https://doi.org/10.1007/978-3-658-42938-6_3

volle Leistung nicht entfalten, wenn bestimmte Einschränkungen nicht berücksichtigt werden.

Die optimale Variante des Planetengetriebes bietet die größtmöglichen Vorteile gegenüber der bisherigen Lösung, insbesondere hohe Tragfähigkeit und minimale Masse. Zur Beurteilung der möglichen Varianten wird ein **Vergleichskriterium „g" definiert, das Kriterium der Optimalität** (Qualität). Dieses wird durch variable Parameter ausgedrückt:

$$g = \psi(x) \equiv (x_1, x_2, ..., x_n) \tag{3.2}$$

Diese Abhängigkeit ist eine objektive Zielfunktion.

Es hat sich gezeigt, dass für die Wahl des kürzesten Optimierungsweges und die Reduzierung der Berechnungszeit mathematische Optimierungsmethoden am effektivsten sind. Um einen beliebigen Mechanismus zu optimieren, sollte man zuerst das Ziel und das entsprechende Optimalitätskriterium definieren und dann ein **mathematisches Modell** erstellen. Dieses beinhaltet eine formalisierte Beschreibung des Optimalitätskriteriums, der Betriebsbedingungen des betreffenden mechanischen Systems und der Anforderungen an seine charakteristischen Parameter. Es wird davon ausgegangen, dass die variablen Parameter bekannt sind, ihre Grenzen (3.1) in Bezug auf die Betriebs- und Produktionsbedingungen des betreffenden mechanischen Systems bestimmt sind und das Optimalitätskriterium „g" durch die Zielfunktion ausgedrückt wird (3.2). Das Optimierungsproblem besteht darin, Variablenparameter $x_1^*, x_2^*, ..., x_n^*$ zu definieren, bei denen die Einschränkungen (3.1) erfüllt sind. Gleichzeitig nimmt die Funktionalität (3.2) einen Extremwert an:

$$\psi(x) \equiv (x_1, x_2, ..., x_n) \mapsto extremum \tag{3.3}$$

In solch einer Formulierung erhält man die **optimale Lösung.**

Zahlreiche Methoden zur Lösung von Optimierungsproblemen sind konditional unterteilt in klassische Methoden (Differentialrechnungen, Lagrange-Multiplikatoren, Variationsrechnung usw.) und Methoden der mathematischen Programmierung (lineare, nichtlineare und dynamische Programmierung usw). Die Methode der Lagrange-Multiplikatoren wurde von den Autoren verwendet, um die Optimierungsprobleme in Bezug auf zwei verbauten Planetengetriebe des Typs „2K-H" zu lösen.

3.2 Bestimmen des optimalen Werts des Übersetzungsverhältnisses von eingebauten leicht- und hochbelasteten Planetengetrieben des Typs „2K-H" mit Mindestmasse

Berücksichtigt wird das eingebaute Planetengetriebe mit einem Gesamtübersetzungsgrad von $u_\Sigma = 51{,}36$, bestehend aus zwei Getrieben vom Typ „2K-H" mit leicht- und hochbelasteten Stufen. Die Antriebswelle des zentralen Zahnrades der ersten Stufe des Getriebes wird von einem Elektromotor mit einer Leistung von $P_m = 6300\,\mathrm{kW}$ und einer Rotationsfrequenz $n_m = 750\,\mathrm{min}^{-1}$ angetrieben. Weitere charakteristische Parameter des Planetengetriebes sind in Tab. 1.1 abgebildet. Das Erweiterungskonzept der technischen Leistungsfähigkeit von beiden Stufen entspricht dem Strukturdiagramm nach Abb. 3.1.

Als funktionale Einschränkung wird die Gleichung von den Gesamtübersetzungsverhältnissen der leicht- $(u_\Sigma)_1$ und hochbelasteten $(u_\Sigma)_2$ Stufen des innovativen Planetengetriebes in folgender Form dargestellt:

$$\left.\begin{aligned} u_\Sigma &= (u_{aH})_1 (u_{aH})_2 = \left(1 + \frac{z_{b_1}}{z_{a_1}}\right)\left(1 + \frac{z_{b_2}}{z_{a_2}}\right) \\ \text{oder } 1 &+ \frac{z_{b_2}}{z_{a_2}} + \frac{z_{b_1}}{z_{a_1}} + \frac{z_{b_1}}{z_{a_1}} \cdot \frac{z_{b_2}}{z_{a_2}} - u_\Sigma = 0 \end{aligned}\right\} \tag{3.4}$$

wobei z_{a_1}, z_{a_2} jeweils die Zähnezahl der Sonnenräder und z_{b_1}, z_{b_2} der Hohlräder (Epizyklen) der leicht- und hochbelasteten Stufen der Planetengetriebe bezeichnen;

$$u_{\Sigma 1} \equiv (u_{aH})_1; \; u_{\Sigma 2} \equiv (u_{aH})_2$$

Zu einer ersten Annäherung,

$$z_{a_1} = z_{a_2} = z_a > z_{\min}$$

In diesem Fall nimmt die **Funktionseinschränkung** nach einigen Transformationen die folgende Form an:

$$\psi(x) = 1 + \frac{1}{z_a}\left(z_{b_2} + z_{b_1} + \frac{z_{b_1} z_{b_2}}{z_a}\right) - u_\Sigma = 0 \tag{3.5}$$

Um die optimale Version des mechanischen Systems aus zwei Planetengetrieben auszuwählen, wird der Mindestwert der Differenz in den axialen Abschnitten von Hohlrädern als Optimalitätskriterium herangezogen, das bis zu einem gewissen Grad die Mindestmasse des Antriebs charakterisiert und wie folgt dargestellt wird (Abb. 3.2):

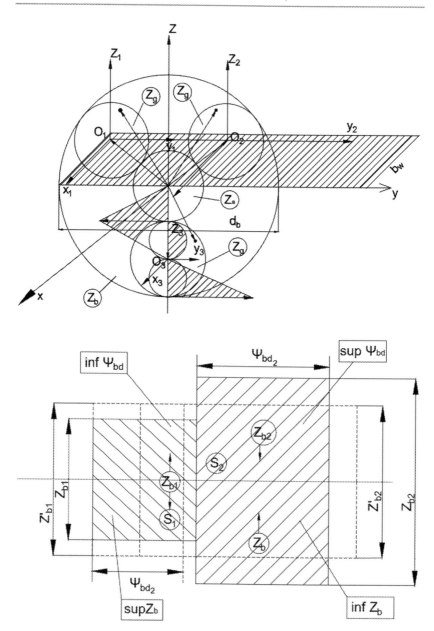

Abb. 3.1 Das Strukturdiagramm der Optimierung der variablen Parameter des Planeten-getriebes

$$\gamma = \frac{\pi d_b^2 b_w^p}{4 T_a U_{1H} \eta_{1H}^g} \rightarrow inf\, \gamma$$

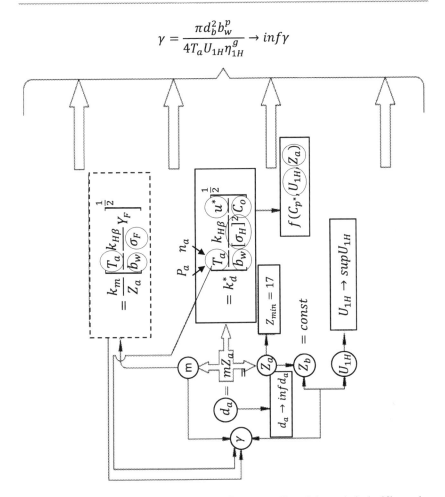

Abb. 3.2 Die wichtigsten charakteristischen Parameter, die auf das technische Niveau des Planetengetriebes einwirken

$$g = \psi(x) = \Delta S = |S_1 - S_2| = \left| d_{b_1} b_{W_1} - d_{b_2} b_{W_2} \right| \to \min, \qquad (3.6)$$

wobei S_1, S_2 jeweils die Flächen der axialen Querschnitte der leicht- und hochbelasteten Stufen des Planetengetriebes und d_{b_1}, d_{b_2}, b_{W_1}, b_{W_2} jeweils die Grundkreisdurchmesser und Breite der Hohlräder beschreibt: $d_{b_1} = m_1 z_{b_1}$; $d_{b_2} = m_2 z_{b_2}$; m_1 und m_2 bezeichet die Verzahnungsmoduln der leicht- und hochbelasteten Getriebestufen.
Damit ergibt sich:

$$g = \left| m_1^2 z_{b_1} \psi_{bd_1} z_a - m_2^2 z_{b_2} \psi_{bd_2} z_a \right| \qquad (3.7)$$

In der Regel wird die Leistung der Zahnräder von Planetengetrieben durch die Flankenpressung der Zähne ihrer Sonnenräder bestimmt. In diesem Fall sind die funktionellen Einschränkungen der Flankenpressung der leicht- und hochbelasteten Stufen von Planetengetrieben von der Form:

$$\left.\begin{array}{l} m_1 z_{a_1} - k_d \left[\dfrac{T_{a_1} k_{H\beta_1}}{\psi_{bd_1} \left(\sigma_{Hp1}\right)^2} u_1^* \dfrac{k_{\omega_1}}{C_{01}} \right]^{\frac{1}{3}} \geq 0 \\[4mm] m_2 z_{a_2} - k_d \left[\dfrac{T_{a_2} k_{H\beta_2}}{\psi_{bd_2} \left(\sigma_{Hp2}\right)^2} u_2^* \dfrac{k_{\omega_2}}{C_{02}} \right]^{\frac{1}{3}} \geq 0 \end{array}\right\} \qquad (3.8)$$

wobei T_{a_1} und $T_{a_2} = T_{a_1} u_{ab_1} \eta_{ab_1}$– jeweils die Drehmomente an den Sonnenräderwellen der leicht- und hochbelasteten Stufen des Planetengetriebes; $k_d = \left[(z_H z_M z_\varepsilon)^2 2 k_{HV} \right]^{\frac{1}{3}}$ – den Durchmesserfaktor der Sonnenräder den leicht- und hochbelasteten Getriebestufen im Verhältnis zum Achsabstand bezeichnet; $z_M = \left[E/\pi \left(1 - \mu^2\right) \right]^{\frac{1}{2}}$ – Elastizitätsfaktor; E, μ – Elastizitätsmodul und Poissonfaktor; $z_H = \left(2 \cos^2 \beta / \sin 2\alpha_W \right)^{\frac{1}{2}}$ – Zonenfaktor; β, α_W – jeweils Schrägungs- und Betriebseingriffswinkel; $z_\varepsilon = \left[1/k_\varepsilon \varepsilon_\alpha \right]^{\frac{1}{2}}$ – Überdeckungsfaktor für Flankentragfähigkeit; $k_\varepsilon = 0,9 \ldots 1$; ε_α – Profilüberdeckungsfaktor; η_{ab_1} und $u_{ab_1} = \left(1 + \dfrac{z_{b_1}}{z_a} \right)$ – jeweils Wirkungsgrad und Übersetzungsverhältnis der leichtbelasteten Stufe; $k_{H\beta_1}$, $k_{H\beta_2}$ – die Breitenfaktoren für die Flankenpressung; σ_{Hp1}, σ_{Hp2} – jeweils die zulässige Flankenpressung der leicht- und hochbelasteten Stufen; k_{ω_1}, k_{ω_2} und C_{01}, C_{02} – entsprechen den Lastaufteilungsfaktoren zwischen den Planetenrädern und deren Anzahl;

$$u_1^* = \frac{u_1 + 1}{u_1}; \quad u_2^* = \frac{u_2 + 1}{u_2}; \quad u_1 = \frac{z_{g_1}}{z_a}; \quad u_1 = \frac{z_{g_2}}{z_a}$$

z_{g_1} Und z_{g_2} – jeweils die Zähnezahl der Planetenräder von leicht- und hochbelasteten Stufen des Planetengetriebes;

$$z_{g_1} = \frac{z_{b_1} - z_a}{2C_p}; \quad z_{g_2} = \frac{z_{b_2} - z_a}{2C_p}$$

$C_p = 2$; 3 – ist die Anzahl der radialen Planetenräder;

$$\left.\begin{aligned}
u_1^* &= \frac{u_1 + 1}{u_1} = \frac{z_{b_1} - z_a + 2C_p z_a}{z_{b_1} - z_a} \\
u_2^* &= \frac{u_2 + 1}{u_2} = \frac{z_{b_2} - z_a + 2C_p z_a}{z_{b_2} - z_a} \\
\psi_z &= \frac{u_2^*}{u_1^*} = \frac{(z_{b_2} - z_a + 2C_p z_a)(z_{b_1} - z_a)}{(z_{b_1} - z_a + 2C_p z_a)(z_{b_2} - z_a)}
\end{aligned}\right\} \tag{3.9}$$

Im Allgemeinen haben die Koeffizienten $k_{H\beta_1}$, $k_{H\beta_2}$, k_{ω_1} und k_{ω_2}, die in den Ungleichungen (3.8) enthalten sind, unterschiedliche Werte, aber um die Lösung des Problems zu vereinfachen, nehmen wir an, dass

$$k_{H\beta_1} = k_{H\beta_2} = k_{H\beta}; \quad k_{\omega 1} = k_{\omega 2} = k_\omega; \quad C_{01} = C_{02} = C = 3$$

Darüber hinaus werden die Ungleichungen (3.8) in Gleichungen verwandelt, wodurch die Beziehung zwischen den Verzahnungsmodulen der Zahnräder der leicht- und hochbelasteten Stufen des Planetengetriebes gefunden wird:

$$m_2 = \Lambda_\sigma \left(u_{aH_1} \psi_z \eta_{aH_1} \frac{\psi_{bd_1}}{\psi_{bd_2}} \right)^{\frac{1}{3}} m_1 \tag{3.10}$$

wobei $\Lambda_\sigma = \left(\frac{\sigma_{Hp1}}{\sigma_{Hp2}} \right)^{\frac{2}{3}}$; da für die Sonnenräder der leicht- und hochbelasteten Stufen des Getriebes meist gleiche Material werwendet wird, ist $\Lambda_\sigma = 1$.

Auf der Grundlage eines vorläufigen numerischen Experiments wurde festgestellt, dass die Wirkung von η_{ab_1} auf das Verhältnis der Verzahnungsmodule m_1 und m_2 nicht mehr als 2 % beträgt, und daher, $\eta_{ab_1} = 1$ (Idealfall) genommen wird, um die Lösung des Problems in der ersten Näherung zu vereinfachen.

Die Breitenfaktoren der Sonnenräder der leicht- und hochbelasteten Stufen werden demzufolge:

$\frac{\psi_{bd_1}}{\psi_{bd_2}} = 1$; $\psi_{bd} = \psi_{bd_1} = \psi_{bd_2} = 0{,}34$ – identisch zur bestehenden Konstruktion. In diesem Fall wird die Zielfunktion stark vereinfacht und erhält die Form:

$$g = m_1^2 \left\{ \left(1 + \frac{z_{b_1}}{z_a} \right)^{\frac{2}{3}} \left[\frac{(z_{b_2} - z_a + 2C_p z_a)(z_{b_1} - z_a)}{(z_{b_1} - z_a + 2C_p z_a)(z_{b_2} - z_a)} \right]^{\frac{2}{3}} z_{b_2} \psi_{bd_2} z_a - z_{b_1} \psi_{bd_1} z_a \right\}$$

$$= m_1^2 \left\{ A(z_{b_1}) B(z_{b_1}, z_{b_2}) z_{b_2} \psi_{bd} z_a - z_{b_1} \psi_{bd} z_a \right\} \tag{3.11}$$

wobei $A\left(z_{b_1}\right) = \left(1 + \frac{z_{b_1}}{z_a}\right)^{\frac{2}{3}}$;

$$B\left(z_{b_1}, z_{b_2}\right) = \left[\frac{\left(z_{b_2} + (2C_p - 1)z_a\right)\left(z_{b_1} - z_a\right)}{\left(z_{b_1} + (2C_p - 1)z_a\right)\left(z_{b_2} - z_a\right)}\right]^{\frac{2}{3}}$$

$$B\left(z_{b_1}, z_{b_2}\right) = \begin{cases} (C_p = 1) \mapsto \left[\frac{\left(z_{b_2} + z_a\right)\left(z_{b_1} - z_a\right)}{\left(z_{b_1} + z_a\right)\left(z_{b_2} - z_a\right)}\right]^{\frac{2}{3}} \\ (C_p = 2) \mapsto \left[\frac{\left(z_{b_2} + 3z_a\right)\left(z_{b_1} - z_a\right)}{\left(z_{b_1} + 3z_a\right)\left(z_{b_2} - z_a\right)}\right]^{\frac{2}{3}} \\ (C_p = 3) \mapsto \left[\frac{\left(z_{b_2} + 5z_a\right)\left(z_{b_1} - z_a\right)}{\left(z_{b_1} + 5z_a\right)\left(z_{b_2} - z_a\right)}\right]^{\frac{2}{3}} \end{cases}$$

Feste und diskrete Einschränkungen werden wie folgt bestimmt:

- Radbreitenkoeffizient $\psi_{bd} \in [0,3 \ldots 0,9]$;
- Übersetzungsverhältnis $u = \frac{z_g}{z_a} \in [1 \ldots 4]$;
- die Zähnezahl der Sonnenräder von leicht- und hochbelasteten Stufen $z_a \in [17 \ldots 25]$.

Die Aufgabe einer optimalen Auslegung mit diesen Einschränkungen besteht daher darin, zwei variable Parameter z_{b_1} und z_{b_2} auszuwählen, die die Gesamtabmessungen oder die Mindestmasse des mechanischen Systems charakterisieren.

Um dieses Problem zu lösen, wird die **Methode der Lagrange-Multiplikatoren** verwendet. In diesem Fall hat die **Lagrange-Funktion** die Form

$$L = g + \lambda_g \psi(x) \tag{3.12}$$

wobei λ_g die Lagrange-Konstante und $\psi(x)$ eine funktionale Einschränkung ist.

Notwendige Bedingung

$$\left.\begin{array}{l} \frac{\partial L}{\partial z_{b_1}} = \frac{\partial g}{\partial z_{b_1}} + \lambda_g \frac{\partial \psi(x)}{\partial z_{b_1}} = 0 \\ \frac{\partial L}{\partial z_{b_2}} = \frac{\partial g}{\partial z_{b_2}} + \lambda_g \frac{\partial \psi(x)}{\partial z_{b_2}} = 0 \\ \frac{\partial L}{\partial \lambda_g} = \psi(x) = 1 + \psi_z - u_\Sigma = 0 \end{array}\right\} \tag{3.13}$$

wobei $\psi_z = \frac{1}{z_a}\left(z_{b_2} + z_{b_1} + \frac{z_{b_1} z_{b_2}}{z_a}\right)$;

$$\frac{\partial L}{\partial z_{b_1}} = \left[\frac{\partial A\left(z_{b_1}\right)}{\partial z_{b_1}} B\left(z_{b_1}, z_{b_2}\right) z_{b_2} \psi_{bd} z_a + A\left(z_{b_1}\right) z_{b_2} \psi_{bd} z_a \frac{\partial B\left(z_{b_1}, z_{b_2}\right)}{\partial z_{b_1}} - \psi_{bd} z_a\right] m_1^2 + \lambda_g \frac{\partial \psi_z}{\partial z_{b_1}} = 0$$

$$\frac{\partial L}{\partial z_{b_2}} = \left[A\left(z_{b_1}\right) \frac{\partial B\left(z_{b_1}, z_{b_2}\right)}{\partial z_{b_2}} z_{b_2} \psi_{bd} z_a + +A\left(z_{b_1}\right) B\left(z_{b_1}, z_{b_2}\right) \psi_{bd} z_a \right] m_1^2 + \lambda_g \frac{\partial \psi_z}{\partial z_{b_2}} = 0$$

Aus den ersten beiden Gleichungen des Systems (3.13) werden Lagrange-Konstanten ermittelt und einander gleichgesetzt:

$$\begin{aligned}
&\left[\frac{\partial A\left(z_{b_1}\right)}{\partial z_{b_1}} B\left(z_{b_1}, z_{b_2}\right) z_{b_2} \psi_{bd} z_a + A\left(z_{b_1}\right) z_{b_2} \psi_{bd} z_a \frac{\partial B\left(z_{b_1}, z_{b_2}\right)}{\partial z_{b_1}} - \psi_{bd} z_a \right] m_1^2 \left(\frac{\partial \psi_z}{\partial z_{b_1}} \right)^{-1} \\
&= \left[A\left(z_{b_1}\right) \frac{\partial B\left(z_{b_1}, z_{b_2}\right)}{\partial z_{b_2}} z_{b_2} \psi_{bd} z_a + A\left(z_{b_1}\right) B\left(z_{b_1}, z_{b_2}\right) \psi_{bd} z_a \right] m_1^2 \left(\frac{\partial \psi_z}{\partial z_{b_2}} \right)^{-1}
\end{aligned}$$

(3.14)

wobei $\frac{\partial A\left(z_{b_1}\right)}{\partial z_{b_1}} = \frac{2}{3}\left(1 + \frac{z_{b_1}}{z_a}\right)^{-\frac{1}{3}} \cdot \frac{1}{z_a}$

Unter Berücksichtigung der Anzahl der radialen Planetenräder „C_p" gilt:

$$\frac{\partial B\left(z_{b_1}, z_{b_2}\right)}{\partial z_{b_1}} = \begin{cases} (C_p = 1), & \frac{2}{3}\left[\frac{2z_a\left(z_{b_2}+z_a\right)}{\left(z_{b_1}+z_a\right)^2 \left(z_{b_2}-z_a\right)} \right]^{-\frac{1}{3}} \\[3mm] (C_p = 2), & \frac{2}{3}\left[\frac{2z_a\left(z_{b_2}+3z_a\right)}{\left(z_{b_1}+3z_a\right)^2 \left(z_{b_2}-z_a\right)} \right]^{-\frac{1}{3}} \\[3mm] (C_p = 3), & \frac{2}{3}\left[\frac{2z_a\left(z_{b_2}+5z_a\right)}{\left(z_{b_1}+5z_a\right)^2 \left(z_{b_2}-z_a\right)} \right]^{-\frac{1}{3}} \end{cases}$$

(3.15)

$$\frac{\partial \psi_z}{\partial z_{b_1}} = \frac{z_a + z_{b_2}}{z_a^2}; \quad \frac{\partial \psi_z}{\partial z_{b_2}} = \frac{z_a + z_{b_1}}{z_a^2}$$

(3.16)

$$\frac{\partial B\left(z_{b_1}, z_{b_2}\right)}{\partial z_{b_2}} = \begin{cases} (C_p = 1), & \frac{2}{3}\left[\frac{2z_a^2 - z_a z_{b_1}}{\left(z_{b_1}+z_a\right)^2 \left(z_{b_2}-z_a\right)} \right]^{-\frac{1}{3}} \\[3mm] (C_p = 2), & \frac{2}{3}\left[\frac{z_a^2 - z_a z_{b_1}}{\left(z_{b_1}+3z_a\right)^2 \left(z_{b_2}-z_a\right)} \right]^{-\frac{1}{3}} \\[3mm] (C_p = 3), & \frac{2}{3}\left[\frac{z_a^2 - z_a z_{b_1}}{\left(z_{b_1}+5z_a\right)^2 \left(z_{b_2}-z_a\right)} \right]^{-\frac{1}{3}} \end{cases}$$

(3.17)

Nach Verallgemeinerung und Substitution
$\frac{\partial A\left(z_{b_1}\right)}{\partial z_{b_1}}$; $B\left(z_{b_1}, z_{b_2}\right)$; $A\left(z_{b_1}\right)$; $\frac{\partial B\left(z_{b_1}, z_{b_2}\right)}{\partial z_{b_1}}$; $\frac{\partial \psi_z}{\partial z_{b_1}}$, $\frac{\partial B\left(z_{b_1}, z_{b_2}\right)}{\partial z_{b_2}}$ und $\frac{\partial \psi_z}{\partial z_{b_2}}$ zu nichtlinearer
Gleichheit (3.14) und einige Vereinfachungen haben:

$$\frac{2}{3}\left(1+\frac{z_{b_1}}{z_a}\right)^{-\frac{1}{3}}\frac{1}{z_a}\left\{\frac{\left[z_{b_2}+(2C_p-1)z_a\right](z_{b_1}-z_a)}{\left[z_{b_1}+(2C_p-1)z_a\right](z_{b_2}-z_a)}\right\}^{\frac{2}{3}}z_{b_2}$$

$$+\frac{2}{3}\left(1+\frac{z_{b_1}}{z_a}\right)^{\frac{2}{3}}z_{b_2}\left\{\left\{\frac{2z_a\left[z_{b_2}+(2C_p-1)z_a\right]}{\left[z_{b_1}+(2C_p-1)z_a\right]^2(z_{b_2}-z_a)}\right\}^{-\frac{1}{3}}-1\right\}\cdot\frac{z_a^2}{z_a+z_{b_2}}$$

$$=\frac{2}{3}\left(1+\frac{z_{b_1}}{z_a}\right)^{\frac{2}{3}}z_{b_1}\left\{\frac{-z_a(z_{b_1}-z_a)}{z_{b_1}+(2C_p-1)z_a}\right\}^{-\frac{1}{3}}$$

$$+\left(1+\frac{z_{b_1}}{z_a}\right)^{\frac{2}{3}}z_{b_2}\left\{\frac{\left[z_{b_2}+(2C_p-1)z_a\right](z_{b_1}-z_a)}{\left[z_{b_1}+(2C_p-1)z_a\right](z_{b_2}-z_a)}\right\}^{\frac{2}{3}}\cdot\frac{z_a^2}{z_a+z_{b_1}}$$

Um das Schreiben von nichtlinearen Gleichungen zu vereinfachen, wird das blockmodulare Prinzip verwendet, bei dem die in Klammern eingeschlossenen Ausdrücke als Blöcke (D) mit entsprechenden Zahlen angegeben werden:

$$D(1)=\frac{2}{3}\left(1+\frac{z_{b_1}}{z_a}\right)^{-\frac{1}{3}};\,D(2)=\left\{\frac{\left[z_{b_2}+(2C_p-1)z_a\right](z_{b_1}-z_a)}{\left[z_{b_1}+(2C_p-1)z_a\right](z_{b_2}-z_a)}\right\}^{\frac{2}{3}};$$

$$D(3)=\frac{2}{3}\left(1+\frac{z_{b_1}}{z_a}\right)^{\frac{2}{3}};\,D(4)=\left\{\frac{2z_a\left[z_{b_2}+(2C_p-1)z_a\right]}{\left[z_{b_1}+(2C_p-1)z_a\right]^2(z_{b_2}-z_a)}\right\}^{-\frac{1}{3}};$$

$$D(5)=\frac{z_a^2}{z_a+z_{b_2}};\,D(6)=\left\{\frac{-z_a(z_{b_1}-z_a)}{z_{b_1}+(2C_p-1)z_a}\right\}^{-\frac{1}{3}};\,D(7)=\frac{z_a^2}{z_a+z_{b_1}}$$

In diesem Fall werden die Module (M) angegeben in Form von:

$$\left.\begin{array}{l}M(1)=\left[D(1)D(2)\frac{1}{z_a}z_{b_2}+\frac{2}{3}D(3)z_{b_2}D(4)-1\right]D(5)=0\\[3mm]M(2)=\left[\frac{2}{3}D(3)z_{b_1}D(6)+D(3)D(2)\right]+D(7)=0\end{array}\right\}\quad(3.18)$$

Offensichtlich sind die Gleichungen im System (3.18) komplexe multiparametrische nichtlineare Gleichungen, die keine analytische Aufzeichnung der Wurzeln haben. Sie müssen daher numerisch gelöst werden. In diesem Fall wird die Lösung des Gleichungssystems (3.18) auf die Suche nach einem solchen Wert der

„verallgemeinerten" unbekannten Variablen der Parameter z_{b_1} und z_{b_2} reduziert, bei der sie sich in eine Identität verwandeln.

Um dieses Problem zu lösen, verwendeten die Autoren die Methode von „Versuch und Irrtum", die es ermöglicht, den Algorithmus zu finden, der die Wurzeln der Zielfunktion numerisch beschreibt. Zu diesem Zweck wird auf der Grundlage der funktionellen Einschränkung (3.5) ein Zusammenhang zwischen den Zähnezahlen der Hohlräder der leicht- „z_{b_1}" und hochbelasteten „z_{b_2}" Stufen des Planetengetriebes hergestellt.

$$z_{b_2} = \frac{z_a^2 \left(u_\Sigma - 1 - \frac{z_{b_1}}{z_a} \right)}{z_a + z_{b_1}} \qquad (3.19)$$

$u_\Sigma = 51{,}36$ ist das Gesamtübersetzungsverhältnis des vorhandenen eingebauten Planetengetriebes vom Typ „2K-H" des Kugelmühlenantriebs.

Darüber hinaus werden entsprechend den technischen Merkmalen der bestehenden Konstruktion, dargestellt in Tab. 1.1, diskrete Grenzwerte für die Anzahl der Zähne z_{b_1} und z_{b_2} für die leicht- und hochbelasteten Stufen in folgender Form definiert:

$$\left. \begin{array}{l} z_{b_1} \in [166; 167; 168; ...; 200; 201; 202; 203] \\ z_{b_2} \in [126; 125; 124; ...; 100; 99; 98; 97; 96] \end{array} \right\} \qquad (3.20)$$

Um den Unterschied in den Durchmessern von $\Delta d\%$ und folglich die axialen Querschnitte $\Delta S\%$, die die Gesamtabmessungen der Hohlräder charakterisieren, zu verringern, ist es natürlich notwendig, die Anzahl ihrer Zähne in leichtbelasteten Stufen zu erhöhen und in hochbelasteten Stufen zu reduzieren. Um dieses Ziel vollständig zu erreichen, wird gleichzeitig davon ausgegangen, dass die Zähnezahl der Sonnenräder der leicht- und hochbelasteten Stufen der Planetengetriebe gleich $z_{a_1} = z_{a_2} = 23$ sind. Dieser Umstand wird anschließend durch die Wahl der Anzahl der umlaufenden Planetenräder und deren Überprüfung auf Flankenpressung geregelt. Gleichzeitig bleiben die Verzahnungsmodule von leicht- und hochbelasteten Stufen $m_l = 12$ mm; $m_h = 25$ mm wie in der bestehenden Konstruktion.

Tab. 3.1 zeigt die Ergebnisse eines numerischen Experiments – die Werte der wichtigsten miteinander verbundenen Parameter.

Eine visuelle Reflexion der Beziehung zwischen den charakteristischen Parametern von leicht- und hochbelasteten Stufen des eingebauten Planetengetriebes ist in Form eines Nomogramms in Abb. 3.3 gezeigt.

Aus dem Bild folgt, dass die Zielfunktion ein Fehler von nur 0,77 % hat.

Tab. 3.1 Die Ergebnisse des numerischen Experiment

$u_\Sigma = 51{,}36; z_{a_1} = 23; z_{a2} = 23; m_1 = 12$ mm; $m_2 = 25$ mm;

	z_{b_1}	z_{b_2}	$z_{b_1}^*$	$u_{a_1 H_1}$	$u_{a_2 H_2}$	u_Σ	$\Delta d, \%$	$\Delta S_{li}, \%$	$\Delta S_{hi}, \%$
1	165	121,52	122	8,174	6,3043	51,5317	41,6180	−0,600	−3,29
2	166	120,75	121	8,2174	6,2609	51,4481	40,1789	−	−4,13
3	167	119,997	120	8,2609	6,2174	51,3623	38,7398	0,5988	−5,00
4	168	119,25	119	8,3043	6,1739	51,2700	37,3007	1,1905	−5,88
5	169	118,50	119	8,3478	6,1739	51,5384	36,8339	1,7751	−5,88
6	170	117,77	118	8,3913	6,1304	51,4420	35,3947	2,3529	−6,78
7	171	117,05	117	8,4349	6,0869	51,3424	33,9556	2,9240	−7,69
8	172	116,33	116	8,4783	6,0438	51,2384	32,5165	3,4884	−8,62
9	173	115,62	115	8,5217	6,0000	51,1302	31,0774	4,0462	−9,56
10	174	114,92	115	8,5652	6,0000	51,3912	30,6106	4,5977	−9,56
11	175	114,22	114	8,6087	5,9565	51,2729	29,1715	5,1428	−10,53
12	176	113,53	114	8,6522	5,9565	51,5367	28,7048	5,6818	−10,53
13	177	112,84	113	8,6956	5,9130	51,4175	27,2656	6,2147	−11,50
14	178	112,17	112	8,7391	5,8696	51,2947	25,8265	6,7415	−12,50
15	179	111,5	111	8,7826	5,8261	51,1682	24,3874	7,2626	−13,51
16	180	110,84	111	8,8261	5,8261	51,4217	23,3921	7,7777	−13,51
17	181	110,18	110	8,8696	5,7826	51,2891	22,4815	8,2873	−14,54
18	182	109,53	110	8,9130	5,7826	515,401	22,0148	8,79128	−14,54
19	183	108,89	109	8,9565	5,7391	51,4022	20,5756	9,2896	−15,60
38	203	97,2188	97	9,8261	5,2174	51,2666	0,77	18,2266	−29,90

Gleichzeitig ändert das Übersetzungsverhältnis der leicht- und hochbelasteten Stufen wie folgt:

$$(u_\Sigma)_l = 1 + \frac{z_{b_1}}{z_{a_1}} = 1 + \frac{203}{23} = 9{,}8261;$$

$$(u_\Sigma)_h = 1 + \frac{z_{b_2}}{z_{a_2}} = 1 + \frac{97}{23} = 5{,}2174$$

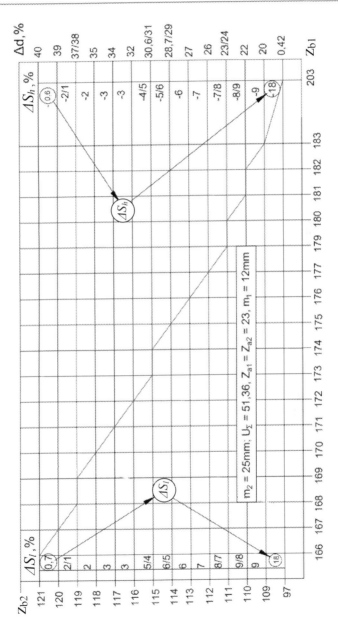

Abb. 3.3 Das Nomogramm des Zusammenhangs der variablen Parameter *des eingebauten Planetengetriebes vom Typ «2K-H»*

Die Differenz zwischen den Gesamtübersetzungsverhältnissen der bestehenden und den vorgeschlagenen Varianten des Planetengetriebes beträgt 0,18 %, was laut regulatorischen Normen als zulässig angesehen wird.

Basierend auf den erhaltenen Werten des Übersetzungsverhältnisses wird die Anzahl der umlaufenden Planetenräder der Stufen angegeben und eine wichtige Produkteigenschaf vergliechen – die Differenz zwischen den Hohlradgrundkreisdurchmessern der leicht- und hochbelasteten Stufen der bestehenden und der vorgeschlagenen Konstruktionslösung:

$$\left(d_{b_1}\right)_b = m_l (z_{b1})_b = 12 \cdot 166 = 1.992,00 \text{ mm};$$

$$\left(d_{b_1}\right)_v = m_l \left(z_{b_1}\right)_v = 12 \cdot 203 = 2.436,00 \text{ mm};$$

$$\Delta d_{b_1} = \left| \frac{\left(d_{b_1}\right)_b - \left(d_{b_1}\right)_v}{\left(d_{b_1}\right)_b} \right| \cdot 100\% = +22{,}23\%$$

$$\left(d_{b_2}\right)_b = m_h \left(z_{b_2}\right)_b = 25 \cdot 126 = 3.150,00 \text{ mm};$$

$$\left(d_{b_2}\right)_v = m_h \left(z_{b_2}\right)_v = 25 \cdot 97 = 2.425,00 \text{ mm};$$

$$\Delta d_{b_2} = \left| \frac{\left(d_{b_2}\right)_b - \left(d_{b_{21}}\right)_v}{\left(d_{b_2}\right)_b} \right| \cdot 100\% = -23\%$$

Der Fehler des numerischen Experiments beträgt

$$\xi = \left| \Delta d_{b_1}\% - \Delta d_{b_2}\% \right| = |22{,}23\% - 23\%| = 0{,}77\%,$$

Was die Zuverlässigkeit der erzielten Ergebnisse beweist.

Schwingungsresistenzbewertung des innovativen Planetengetriebes des Kugelmühlenantriebs für die Zementproduktion

4

Die Vibrationsresistenz des Antriebs ist die Fähigkeit seines Designs, Vibrationen zu widerstehen. Das Auftreten von Vibrationen im Antrieb der Kugelmühle verursacht eine zusätzliche variable Spannung in ihren Konstruktionselementen, was zu ihrem Ermüdungsversagen führt. Besonders gefährlich ist der Resonanzmodus des verbauten Planetengetriebes, wenn die Frequenz der Störkraft die Eigenfrequenz eines Elements dieses mechanischen Systems erreicht. Damit steigt die Spannung in den Strukturelementen deutlich an, die hauptsächlich nicht durch die äußere Last, sondern durch die Trägheitskräfte der oszillierenden Massen bestimmt wird. Um Resonanzschwingungen zu vermeiden, ist es notwendig, im Voraus den zulässigen Drehzahlbereich der Strukturelemente des Planetengetriebes und damit die Betriebscharakteristik des Kugelmühlenantriebs zu kennen, die durch die Rotationsfrequenz der natürlichen Schwingungen seiner Strukturelemente zu begrenzen sind.

4.1 Kinematische Analyse der Planetengetriebe

Ein Planetengetriebe ist ein komplexes dynamisches System, das aus vielen Strukturelementen besteht, einschließlich chaotisch rotierender Materialpunkte, die Zentrifugalkräften ausgesetzt sind, von deren Wert und Richtung die Schwingungsstabilität seiner Konstruktion maßgeblich abhängt. In Planetengetrieben werden Planetenräder als Einmassensystem dargestellt, welches sich sowohl um seine Achsen als auch zusammen mit dem Steg um die Achse der zentralen Räder dreht.

Um die Amplitude der Antriebsschwingung der Kugelmühle unter Beibehaltung ihrer Gesamtgröße und Tragfähigkeit zu reduzieren, werden in diesem

Zusammenhang neue Designlösungen für ein Planetengetriebe mit verdoppelten und/oder verdreifachten radialen Planetenräder vorgeschlagen (Abb. 4.1).

Wenn der Steg „H" angehalten und das Hohlrad „Z_b" in einem „umgekehrten" Mechanismus (wenn der Steg festgehalten wird) mit einem, zwei oder drei radialen Planetenrädern befestigt ist, verwandeln sich die Planetenräder z_{g_1}, z_{g_2}, z_{g_3}, z_{g_4}, z_{g_5} und z_{g_6} in parasitäre Zahnräder.

In diesem Fall wird für den „umgekehrten" Mechanismus die Übersetzung in folgender Form berechnet:

$$u_{ab}^{(H)} = \frac{n_a - n_H}{n_b - n_H} = (-1)^k \frac{Z_b}{Z_a} \qquad (4.1)$$

Hier ist „k" die Anzahl der aufeinanderfolgenden radialen Planetenräder; n_a, n_b, z_a, z_b sind jeweils die Dreh- und die Zähnezahlen der Zentralzahnräder und n_H ist die Drehzahl des Stegs.

Die Drehzahl des Sonnenrades n_a wird als „verallgemeinerte Koordinate" verstanden, da die Festigkeit und die kinematischen Parameter des Planetengetriebes nach diesem Konstruktionselement festgelegt werden. Bei bekannten Dreh- und Zähnezahlen der Zentralzahnräder wird ein Zusammenhang zwischen den Drehzahlen des Stegs und des Sonnenrads festgelegt:

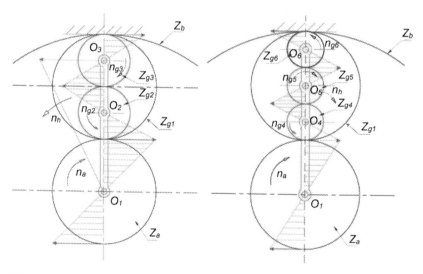

Abb. 4.1 Das Erweiterungsschema der kinematischen Leistungsfähigkeit des innovativen Planetengetriebes

$$n_H = \left[(-1)\frac{Z_a}{Z_a + Z_b}\right]n_a \qquad (4.2)$$

Offensichtlich sind die Planetenräder in einem „umgekehrten" Mechanismus die Konstruktionselemente der gewöhnlichen Zahnradverbindung. Unter Berücksichtigung dieses Umstands werden die Drehzahlen der radialen Planetenräder bestimmt, die am weitesten von der Achse des Sonnenrads entfernt sind:

$$u_{ag}^{(H)} = \frac{n_a}{n_g} = -\frac{z_g}{z_a}n_g = -\frac{z_a}{Z_g}n_o; \; n_g = (-1)^k\frac{2z_a}{z_b - z_a}n_a \qquad (4.3)$$

Wobei $(-1)^k$ die Drehrichtung der Planetenräder bestimmt.

Aus der Gleichung (4.3) folgt, dass in einer gewöhnlichen Zahnradverbindung alle radialen Planetenräder als parasitär angesehen werden; sie beeinflussen nur die Drehrichtung der entfernten z_{g_3} und z_{g_6} radialen Planetenräder (Abb. 4.1).

Gleichzeitig nimmt mit zunehmender Zähnezahl der Planetenräder deren Rotationsgeschwindigkeit proportional ab. Laut Abb. 4.1. sind die Abstände zwischen den Achsen der Zentralzahnräder und den Drehachsen der Planetenräder

$$l_1 = 0.5m\left(z_a + z_{g_1}\right); l_2 = 0.5m\left(z_a + z_{g_2}\right)$$

$$l_3 = 0.5m\left(z_a + 2z_{g_2} + z_{g_3}\right); l_4 = 0.5m\left(z_a + z_{g_4}\right)$$

$$l_5 = 0.5m\left(z_a + 2z_{g_4} + 2z_{g_5} + z_{g_6}\right)$$

wobei: $z_{g_2} + z_{g_3} = z_{g_1} = z_{g_4} + z_{g_5} + z_{g_6}$

4.2 Vergleichende Bewertung der wichtigsten charakteristischen Parameter des Innovativen Antriebsmechanismus der Kugelmühle

Der Übertragungsmechanismus des innovativen Kugelmühlenantriebs besteht aus zwei zweireihigen Planetengetrieben vom Typ „2 K-H".

Um die Flankenfestigkeit der Zahnradzähne dieser Planetengetriebe zu berechnen, werden die gleichen Formeln verwendet wie bei der Berechnung einfacher Zahnräder. In diesem Fall wird die Berechnung sowohl für das zentrale Zahnrad der Außenverzahnung – das Sonnenrad – als auch für das Hohlrad – das zentrale Zahnrad mit Innenverzahnung – durchgeführt.

Da die Kräfte und Module in den Verzahnungen gleich sind und die innere Verzahnung in ihren Festigkeitseigenschaften stärker ist als die äußere, wird bei den gleichen Materialien nur die Verzahnung Sonnenrad-Planetenräder berechnet. Um den Teilkreisdurchmesser des Sonnenrads zu bestimmen, werden gleichzeitig die Anzahl „c_0" und der ungleichmäßige Lastverteilungsfaktor zwischen den umlaufenden Planetenrädern „k_ω" in die Berechnungsformel aufgenommen.

$$d_a = k_d \left[\frac{T_a k_{H\beta}}{\psi_{bd}(\sigma_{HP})^2} \frac{u \pm 1}{u} \frac{k_\omega}{c_0} \right]^{\frac{1}{3}} \qquad (4.4)$$

wobei T_a das Drehmoment an der Sonnenradwelle, N·mm; ψ_{bd} ist der Breitenfaktor; $k_{H\beta}$ und σ_{HP} jeweils die Koeffizienten der ungleichmäßigen Lastverteilung bei der Flankenpressung und zulässige Flankenpressung sind; u ist das Übersetzungsverhältnis des Zahnradpaares Sonnenrad-Planetenrad.

Um diese Aufgabe zu lösen, wurde das Konzept der „verallgemeinerten Koordinate" eingeführt, das als die Zähnezahl des Sonnenrads angesehen wird „z_a". Nach Transformationen und einigen Notationen der Formel (4.4) erhalten wir:

$$z_a = B \left[\frac{T_a u^*}{C_0} \right]^{\frac{1}{3}}, \qquad (4.5)$$

wobei $B = \frac{k_d}{m} \left[\frac{k_\omega k_{H\beta}}{\psi_{bd}(\sigma_{HP})^2} \right]^{\frac{1}{3}};$ m – Verzahnungsmodul.

Es wurde festgestellt, dass die Verringerung der Vibration und folglich der Amplitude der Schwingung des Gehäuses entlang des Leistungsflusses des Planetengetriebes erreicht wird, indem ein umlaufendes radiales Planetenrad in zwei oder drei radiale Planetenräder „C_r" aufgeteilt wird, die sich sowohl um ihre eigene Achsen als auch um die Stegachse drehen. Hiermit:

$$\left. \begin{array}{l} C_r = 1; u = \frac{z_g}{z_a} = \frac{z_b - z_a}{2 z_a} \\ C_r = 2; u = \frac{z_g}{2 z_a} = \frac{z_b - z_a}{4 z_a} \\ C_r = 3; u = \frac{z_g}{3 z_a} = \frac{z_b - z_a}{6 z_a} \end{array} \right\} = \frac{1}{2 C_r}(u_{1H} - 2) \qquad (4.6)$$

Hier lautet das in der Formel (4,5) enthaltene u^*:

z_b и z_g – jeweils die Zähnezahl des Hohl- und Planetenrads;

$$u^* = \frac{u + 1}{u} = 1 + \frac{2 C_r}{u_{1H} - 2}, \qquad (4.7)$$

$(u_\Sigma) = 1 + \frac{z_b}{z_a}$ – die Gesamtübersetzung des Planetengetriebes.

Nach dem Einsetzen von (4.7) in (4.5) haben wir:

$$z_a = B \frac{T_a}{C_0} \left[\left(1 + \frac{2C_r}{(u_\Sigma) - 2} \right) \right]^{\frac{1}{3}} \tag{4.8}$$

Es wird davon ausgegangen, dass die Drehmomente, die Bedingungen für die Auswahl der absoluten Abmessungen und des Moduls der Zahnräder von leicht- und hochbelasteten Planetengetrieben entsprechend dem folgenden Ausdruck festgelegt sind:

$$m = 1,65 \left[\frac{T_1}{z_a c} \right]^{\frac{1}{3}} \tag{4.9}$$

Das Drehmoment auf der Antriebswelle $T_1 = 9550 \frac{P_m}{n_m}$; P_m und n_m – jeweils Leistung und Drehzahl des Elektromotors; c– Anzahl der Planetenräder.

Um ein Verklemmen der Verzahnung und ein Unterschneiden der mit einem Standardwerkzeug geschnittenen Zähne zu vermeiden, wird $(z_a)_{min} = 17$ angenommen; Planetengetriebe verwenden Zahnräder ohne Profilverschiebung ($x = 0$; $\Delta y = 0$). Die Höhe des Zahnkopfes $h_0^* = 1$.

Bei einem gegebenen Gesamtübersetzungsverhältnis u_Σ wird die Anzahl der Planetenräder c aus der Nachbarschaftsbedingung bestimmt, was die Möglichkeit der freien Platzierung von Planetenrädern ohne gegenseitige Berührung berücksichtigt.

$$\left(z_a + z_g \right) \sin \frac{\pi}{c} = z_g + 2 \tag{4.10}$$

Die Zähnezahl der Planetenräder wird aus der Bedingung der koaxialen Anordnung der zentralen Zahnräder des Planetengetriebes mit dem Steg H wie folgt bestimmt:

$$z_g = 0,5(z_b - z_a) \tag{4.11}$$

Die Zähnezahl des Hohlrads:

$$z_b = z_a(u_\Sigma - 1) \tag{4.12}$$

Unter Berücksichtigung von (4.12) und (4.11):

$$z_g = 0,5(z_b - z_a) = 0,5z_a(u_\Sigma - 2) \tag{4.13}$$

Nach Substitution (4.13) in (4.10) und einfachen Transformationen wird die Anzahl der Planetenräder wie folgt bestimmt:

$$[z_a + 0,5z_a(u_\Sigma - 2)] \sin \frac{\pi}{c} = 0,5z_a(u_\Sigma - 2) + 2; \sin \frac{\pi}{c} = \frac{u_\Sigma - 2 + \frac{4}{z_a}}{u_\Sigma}$$

$$c = \frac{\pi}{\arcsin \left(u_\Sigma - 2 + \frac{4}{z_a} \right) u_\Sigma^{-1}} \tag{4.14}$$

Gemäß (4.14) und (4.9) wird der vorläufige Wert m_{vw} des Verzahnungsmoduls des Planetengetriebes bestimmt.

$$m_{vw} = 1.65 \left[\frac{T_1 \arcsin \left(u_\Sigma - 2 + \frac{4}{z_a} \right) u_\Sigma^{-1}}{\pi z_a} \right]^{\frac{1}{3}} \tag{4.15}$$

Dabie Wälzkreisdurchmesser des Sonnenrads $(d_W)_a$:

$$(d_W)_a = k_d \left[\frac{T_{Ha}}{\psi_{bd}} \frac{k_{H\beta}}{(\sigma_{HP})^2} \frac{k_\omega}{c} \frac{u_\Sigma}{u_\Sigma - 2} \right]^{\frac{1}{3}} \tag{4.16}$$

wobei k_d der dynamische Lastfaktor ist. Für die Stahlstirnräder ist $k_d = 780(MPa)^{1/3}$; $\psi_{bd} = \frac{b_w}{d_w}$ – der Breitenfaktor des Sonnenrads; T_{Ha}– Drehmoment bei der Berechnung des Sonnenrades für die Flankenpressung. Dabei: $\frac{u+1}{u} = \frac{u_\Sigma}{u_\Sigma - 2}$; $u = \frac{z_g}{z_a}$.
Der Verzahnungsmodul:

$$m_H = \frac{(d_W)_a}{z_a} \tag{4.17}$$

Der Algorithmus und das Blockdiagramm der Synthese des Planetengetriebes vom Typ „2 K-H" werden in folgender Form vorgestellt:

- Es werden die Werte von: u_Σ; P_a; n_a; ψ_{bd}; $k_{H\beta}$; k_ω (mit angegebenem Fehler) festgelegt.
- Das Material wird gewählt und eine thermische Bearbeitung für das Sonnenrad vorgeschrieben.
- Die Zähnezahl des Sonnenrades wird angenommen $z_a > z_{min}$.
- Es werden T_{Ha}; c; m_{vw}; $(d_W)_a$ und m_H berechnet.
- Die Werte von m_{vw} und m_H werden verglichen.

- Es wird der größte Wert aus m_{vw} und m_H ausgewählt und bis auf den Standardwert gerundet.
- Die z_a wird präzisiert.
- $z_b$und z_g werden bestimmt und $(u_\Sigma)_B = 1 + \frac{z_b}{z_a}$ ermittelt.
- Der Sollwert $(u_\Sigma)_S$ und berechneter Wert $(u_\Sigma)_B$ werden vergliechen.
- Das Fehlerwert von u_Σ wird ermittelt.
- Die geometrischen Größen der Zentral- und Planetenräder werden bestimmt.

Auf Basis des entwickelten Systemvorgehens zur Synthese von Planetengetrieben vom Typ „2 K-H" am Beispiel des Antriebs der Kugelmühle, die von einem Elektromotor mit einer Leistung von $P_m = 6300$ kW und einer Drehzahl $n_m = 750$ min^{-1} angetrieben wird, wurde ein numerisches Experiment durchgeführt, (Abb. 4.2).

Tab. 4.1 zeigt die charakteristischen Parameter der bestehenden und vorgeschlagenen Konstruktionen der Planetengetriebe.

Die Gesamtübersetzung des Getriebes, die Zähnezahl des Sonnenrades sowie der Eingriffsmodul der leicht- und hochbelasteten Planetengetriebe vom Typ „2 K-H" des Kugelmühlenantriebs haben jeweils folgende Werte:

$$u_\Sigma = 51{.}36,\ (u_\Sigma)_1 = 8{,}217 \text{ und } (u_\Sigma)_2 = 6{,}250;$$

$$(z_a)_1 = 23;\ (z_a)_2 = 24;\ m_1 = 12mm;\ m_2 = 25mm$$

Der folgende Algorithmus zur Aufgabenlösung wird vorgeschlagen:
1. Auf der Grundlage der Gleichung (4.14), die gleichzeitig die Bedingungen der Koaxialität und der freien Platzierung von Zahnrädern berücksichtigt, wird die Anzahl der Planetenräder im bestehenden und den vorgeschlagenen Planetengetrieben bestimmt:

$$c_b = \frac{\pi}{\arcsin\frac{u_\Sigma - 2 + \frac{4}{z_a}}{u_\Sigma}} == \begin{bmatrix} \dfrac{\pi}{\arcsin\frac{8{,}217 - 2 + \frac{4}{23}}{8{,}217}} = 3,5294 \\[3mm] \dfrac{\pi}{\arcsin\frac{6{,}250 - 2 + \frac{4}{24}}{6{,}250}} = 3,6029 \end{bmatrix} \quad \begin{array}{l} \textit{für beide Getrieben wird der} \\ \textit{Anzahl der Planetenräder } c = 3 \\ \textit{angenommen} \end{array}$$

Aus Abb. 4.2 zeigt sich, dass sich die Gesamtabmessungen (Außendurchmesser) der leicht- und hochbelasteten Planetengetriebe des vorhandenen Antriebs erheblich voneinander unterscheiden, was für eingebaute mechanische Systeme unerwünscht ist. Um die Werte der Außendurchmesser auszugleichen, ist es notwendig, das Übersetzungsverhältnis des leichtbelasteten Planetengetriebes $(u_\Sigma)_L$

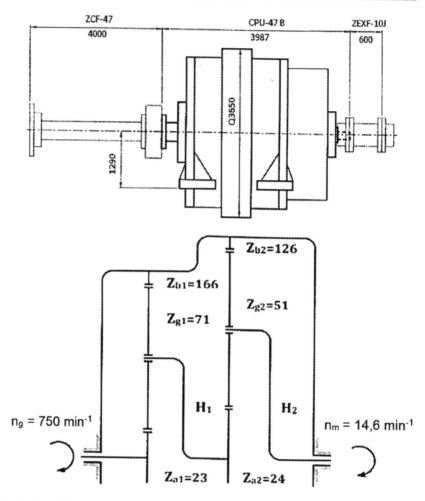

Abb. 4.2 Die geometrischen und kinematischen Grundparameter von Planetengetrieben eines Kugelmühlenantriebs

so weit wie möglich zu erhöhen, während der Wert des Gesamtübersetzungsverhältnisses u_Σ^* des mechanischen Systems beibehalten wird.

In diesem Zusammenhang wird für das vorgeschlagene leichtbelastete Planetengetriebe aus praktischen Gründen der höchste zulässige Wert $(u_\Sigma)_L = 10$ vorläufig akzeptiert.

Tab. 4.1 Charakteristische Parameter der bestehenden und vorgeschlagenen Konstruktionen der Planetengetriebe

Name, Zeichen und Maßeinheit der Parameter	Bestehendes Design mit einer Reihe radialer Planetenräder		Vorgeschlagene Konstruktionen			
			Mit zwei Reihen von radialen Planetenrädern		Mit drei Reihen von radialen Planetenrädern	
	LBP	HBP	LBP	HBP	LBP	HBP
Zähnezahl der Planetenräder z_g	71	51	45/45	18/18	30/30/30	17/10/10
Verzahnungsmodul m, mm	12	25	12	25	12	25
Zähnezahl der Zentralräder z_g/z_b	23/166	24/126	23/203	23/97	23/203	23/97
Zulässige Vibration der Konstruktion v, mm	4		6,63			
Anzahl der umlaufenden Planetenräder	3	3	4	4	4	4
Teilkreisdurchmesser der Planetenräder d_g, mm	852	1275	540	450/ 475	360	425/ 250/ 250
Drehzahl des Stegs n_H, min^{-1}	91,27	14,6	76,3	14,6	76,3	14,6
Drehzahl der Planetenräder, n_g, min^{-1}	241,3	113,6	191,66	119,14	191,66	119,14

Damit haben wir:

$$c_v = \frac{\pi}{\arcsin\frac{u_\Sigma - 2 + \frac{4}{z_a}}{u_\Sigma}} =$$

$$= \left[\begin{array}{l} \frac{\pi}{\arcsin\frac{10-2+\frac{4}{23}}{10}} = 3,2847 \\ \frac{\pi}{\arcsin\frac{5,135625-2+\frac{4}{24}}{5,135625}} = 4,5 \end{array} \right.$$

Es wird angenommen $c_{LBP} = 3$, und $c_{HBP} = 4$.

Die Berechnung der Anzahl der Planetenräder zeigt, dass in einem hochbelasteten Planetengetriebe bei einer solchen Verteilung des Gesamtübersetzungsverhältnisses die Anzahl der umlaufenden Planetenräder um eine Einheit zu-
nimmt. So ist es durch die Erhöhung der Anzahl der umlaufenden Planetenräder
möglich, die Belastung des Sonnenrads eines hochbelasteten Planetengetriebes zu
reduzieren, was zur Reduzierung seiner Gesamtabmessungen beiträgt.

2. Die Drehmomente auf die Antriebswelle der leicht- und hochbelasteten
   Stufe des Planetengetriebes werden bestimmt. Dabei ust die Wirkungsgrad
   $\eta_1 = \eta_2 = 0.98$ angenommen

$$T = 9550 \frac{P}{n} = \begin{cases} 9550 \cdot \frac{6300}{750} = 80.220,00 \text{ Nm} \\ 9550 \cdot \frac{6174}{91,274} = 645.986,00 \text{ Nm} \end{cases}$$

3. Auf der Grundlage der in Tab. 1.1 angegebenen Ausgangsdaten ist der Wert
   der zulässigen Flankenpressung der Materialien für das Sonnenrad und die
   Planetenräder zu bestimmen:

$$\sigma_{HP} = \frac{\sigma_{H \lim b}}{s_H} Z_N = \frac{1500}{2,04} \cdot 1,3197 = 980,00 \text{ MPa}$$

Wobei S_h der Sicherheitsfaktor für die Flankenpressung ist und Z_N der
Lebensdauerfaktor für die Flankenpressung.

4. Aufgrund der Berechnung der Flankenpressung werden die Wälzkreisdurchmesser der Sonnenräder der bestehenden und der vorgeschlagenen
   Konstruktionslösungen der leichtbelasteten Planetengetriebe bestimmt

$$(d_W)_{a1} = k_d \left[\frac{T_H}{\psi_{bd}} \frac{k_{H\beta}}{(\sigma_{HP})^2} \frac{k_\omega}{c} \frac{u_\Sigma}{u_\Sigma - 2} \right]_{1.h.}^{\frac{1}{3}} =$$

$$= 780 \left\{ \begin{array}{l} \left[\frac{80220 \cdot 1,15 \cdot 1,1 \cdot 8,217}{1,05 \cdot 980^2 \cdot 3 \cdot (8,217-2)} \right]_{lb}^{\frac{1}{3}} \\ \left[\frac{80220 \cdot 1,15 \cdot 1,1 \cdot 10}{1,05 \cdot 980^2 \cdot 3 \cdot (10-2)} \right]_{lv}^{\frac{1}{3}} \end{array} \right\} \begin{array}{l} = 276,0 \text{ mm} \\ \\ = 271,0 \text{ mm} \end{array}$$

Für beide Varianten gilt $(d_W)_{a1} = 276$ mm.

5. Bei $c = 3$ und $c = 4$ werden auch die Wälzkreisdurchmesser der Sonnenräder der bestehenden und der vorgeschlagenen hochbelasteten Planetengetrieben bestimmt

$$(d_W)_{a2} = 780 \left\{ \begin{array}{l} \left[\frac{645986 \cdot 1,15 \cdot 1,1 \cdot 6,25}{1,05 \cdot 980^2 \cdot 3 \cdot (6,25-2)} \right]^{\frac{1}{3}}_{hb} = 573,4 \text{ mm} \\[4mm] \left[\frac{645986 \cdot 1,15 \cdot 1,1 \cdot 5,136}{1,05 \cdot 980^2 \cdot 4 \cdot (5,136-2)} \right]^{\frac{1}{3}}_{hv} = 540,0 \text{ mm} \end{array} \right.$$

Aus konstruktiven Gründen wird für die hochbelastete Stufe der bestehenden Lösung $z_a = 24$, $m = 25$ mm, $(d_W)_{a2} = 600$ mm und für die vorgeschlagene Designlösung $m = 25$ mm, $z_a = 22$, $(d_W)_{a2} = 550$ mm angenommen.

6. Die Qualität des vorgeschlagenen Konstruktion wird bezüglich ihrer Wirtschaftlichkeit bewertet. Es wird eine vergleichende Bewertung der Wälzkreisdurchmesser von Hohlräder eines hochbelasteten Planetengetriebes der bestehenden und vorgeschlagenen Konstruktionslösungen durchgeführt.

$$(d_W)_{bb}^h = m_2 z_{a_2}(u_{\Sigma 2} - 1) = 25 \cdot 24 \cdot (6.25 - 1) = 3150 \text{ mm}$$

$$(d_W)_{bv}^h = m_2 z_{a_2}(u_{\Sigma 2} - 1) = 25 \cdot 22 \cdot (5,136 - 1) = \mathbf{2274,8} \text{ mm}$$

$$\Delta_{b2} = \frac{\left| (d_W)_{bb}^h - (d_W)_{bv}^h \right|}{(d_W)_{bb}^h} \cdot 100\% = \mathbf{-27,8\%}$$

$$(d_W)_{bb}^l = m_2 z_a(u_{\Sigma 1} - 1) = 12 \cdot 23 \cdot (8,217 - 1) = 1992 \text{ mm}$$

$$(d_W)_{bv}^l = m_1 z_a(u_{\Sigma 1} - 1) = 12 \cdot 23 \cdot (10 - 1) = \mathbf{2484,0} \text{ mm}$$

$$\Delta_{b1} = \frac{\left| (d_W)_{bb}^l - (d_W)_{bv}^l \right|}{(d_W)_{bb}^l} \cdot 100\% = \mathbf{-24,7\%}$$

wobei $(d_W)_{bb}^h$, $(d_W)_{bv}^h$ die Wälzkreisdurchmesser der Hohlräder von hochbelasteten und $(d_W)_{bb}^l$, $(d_W)_{bv}^l$ von leichtbelasteten Planetengetrieben der bestehenden „ind_b^h" und vorgeschlagenen „$index_v^h$" Konstruktionslösungen sind.

Zur Verdeutlichung zeigt Abb. 4.3 die Veränderungen in den Wälzkreisdurchmessern der Hohlräder der leicht- und hochbelasteten Stufen Δ_{b2} und Δ_{b1} der bestehenden und der vorgeschlagenen Konstruktionslösung der Planetengetriebe.

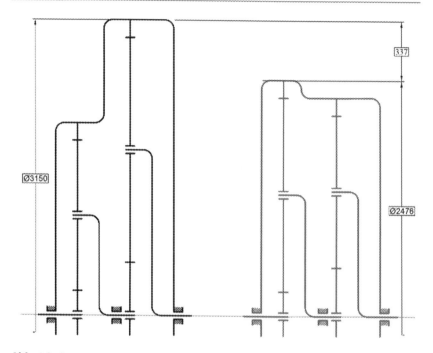

Abb. 4.3 Die vergleichende Bewertung der Abmessungen der bestehenden (schwarz) und vorgeschlagenen (rot) zweireihigen Planetengetriebe

Die Gesamtabmessungen und damit der Metallverbrauch der vorgeschlagenen Konstruktionslösung wird somit im Durchschnitt um $\Delta_d = 0.5(\Delta_{b1} + \Delta_{b2}) = 26,25\%$ reduziert.

4.3 Bestimmung der kritischen Drehzahl der Planetenräder und der Amplitude der zulässigen Schwingung der bestehenden und vorgeschlagenen Antriebsmechanismen der Kugelmühle

Im Planetengetriebe vom Typ „2 K-H" sind die Planetenräder gleichmäßig im Körper des Stegs entlang des Umfangs der zentralen Zahnräder platziert. In Form von Scheiben, die auf zwei Lagern montiert sind, befinden sie sich in der Mitte

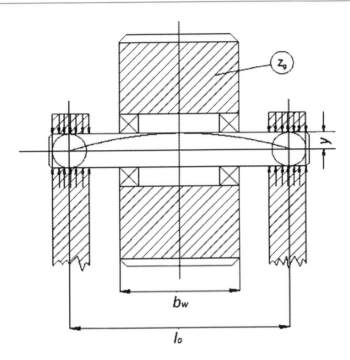

Abb. 4.4 Das Berechnungsschema zur Beurteilung der *Schwingungsresistenz des Planetengetriebes des Kugelmühlenantriebs*

der Rollen, die starr mit dem Steg verbunden sind, und sich um ihre Achse drehen, Abb. 4.4.

Angenommen, die Rolle erhält eine gewisse Abweichung und der Schwerpunkt der Scheibe (Planetenrad) hat sich um eine Entfernung „y" verschoben, die als Kreisabchnitt gekennzeichnet ist, der durch den Schwerpunkt der beiden Wälzlager verläuft (Abb. 4.4):

$$F_u = \omega_g^2 My = \frac{\pi}{4} d_g^2 \psi_{bd} d_a \rho \omega_g^2 y \qquad (4.18)$$

$$F_g = \frac{1}{\alpha} y = \frac{48EJ}{l^3} y = \frac{3\pi E d_0^4}{2l_0^3} y \qquad (4.19)$$

wobei F_u- Trägheitskraft; F_g- Elastizitätskraft; ω_g, M – jeweils die Winkelgeschwindigkeit und Masse der Scheibe (Planetenrad); $E = (2{,}0\text{--}2{,}2) \cdot 10^5$ –

Elastizitätsmodul des legierten Stahls, kg/m²; $\alpha = \frac{l_0^3}{48EJ}$ – Auslenkung des mittleren Querschnitts der Rolle durch die Einwirkung der Einheitskraft; $J = \frac{\pi d_0^4}{32}$ – polares Trägheitsmoment des Rollenquerschnitts, cm⁴; l_o – Abstand zwischen den Rollenankerpunkten, mm; d_o – Rollendurchmesser, mm; $d_g = mz_g = 0{,}5 \, m(z_b$-$z_a)$ – Teilkreisdurchmeser des Planetenrads; z_a, z_b – die Zähnezahlen von Hol- und Sonnenrad.

Wenn $F_u < F_g$, kehrt die Rollenachse nach der Abweichung in ihre ursprüngliche (geradlinige) Position zurück. Diese Situation gilt als stabil.

Gleichheit von $F_u = F_g$ ist der Beginn des Stabilitätsverlustes; hier können die Durchbiegungen der Rolle unendlich zunehmen. In diesem Fall sind die Zentrifugalkräfte in der abgelenkten Position gleich den Elastizitätskräften, die dazu neigen, die Rolle, die mit dem Planetenrad fest verbunden ist, in ihren ursprünglichen Zustand zurückzubringen. Dieses Phänomen, bei dem es eine Gleichheit von Zentrifugal- und Elastizitätskräften gibt, wird als kritische Rotationsfrequenz bezeichnet.

Wenn $F_u = F_g$

$$\frac{1}{2} d_g \psi_{bd} d_a \rho \left(\omega_g^2\right)_k = \frac{3Ed_0^4}{l_0^3}$$

$$\left(\omega_g\right)_k = \left[\frac{6Ed_0^4}{d_g^2 \psi_{bd} d_a \rho l_0^3}\right]^{\frac{1}{2}} = \frac{\pi \left(n_g\right)_k}{30}$$

$$\left(n_g\right)_k = 23{,}4 \left[\frac{Ed_0^4}{d_g^2 \psi_{bd} d_a \rho l_0^3}\right]^{\frac{1}{2}} \tag{4.20}$$

Um die Vibrationsstabilität des Kugelmühlenantriebes, bestehend aus zwei eingebauten Planetengetrieben des Typs „2 K-H" zu gewährleisten, sollte die aktuelle Drehzahl der Planetenräder, die am weitesten von den Achsen der Zentralzahnräder entfernt sind, im allgemeinen Fall $\left(n_g\right)^{l.h}$ einen kritischen Wert $\left(n_g\right)_k^{l.h}$ nicht überschreiten.

In diesem Fall haben wir gemäß (4.5) und (4.8):

$$\left[(-1)^k \frac{2}{u_\Sigma - 2}\right] n_a < 23{,}4 \left[\frac{Ed_0^4}{d_g^2 b_w \rho l_0^3}\right]^{\frac{1}{2}} \tag{4.21}$$

wobei $d_g = 0{,}5(d_b - d_a) = \frac{1}{2C_r} d_a(u_T - 2)$; $(C_r = 1; 2; 3)$;

$$l_0 = 1,5\psi_{bd}d_a \tag{4.22}$$

d_g^* – Teilkreisdurchmesser des zergliederten radialen Planetenrads, das am weitesten von der Achse der zentralen Zahnräder entfernt ist; C_r – Anzahl zergliederten radialen Planetenräder; d_b, d_a – jeweils Teilkreisdurchmesser des Hohlrads und des Sonnenrads; $b_w = \psi_{bd}d_a$ – Breite der zentralen Zahnräder; der Breitenfaktor $\psi_{bd} = 0{,}34$.

Es besteht kein Zweifel, dass von allen Konstruktionselementen der Planetengetriebe die geometrischen Abmessungen (d_o; l_o) der Rollen den größten Einfluss auf ihre Vibrationsresistenz haben. Auf dieser Grundlage werden die linke und rechte Seite der Ungleichheit (4.20) gleichgesetzt und d_o bestimmt. Dabei wird l_o unter Berücksichtigung der Konstruktionsmerkmale festgelegt.

Nach Einsetzen von (4.22) in Ungleichung (4.21) und der Gleichsetzung linken und rechten Seite wird der Durchmesser der Rolle bestimmt.

$$(-1)^k \frac{2}{u_\Sigma - 2} n_a = 13,23 \frac{d_0^2}{d_g b_W^2}\left[\frac{E}{\rho}\right]^{\frac{1}{2}}$$

$$d_0 = \left[(-1)^k \frac{2n_a d_g b_W^2}{13.23(u_\Sigma - 2)}\left(\frac{\rho}{E}\right)^{\frac{1}{2}}\right]^{\frac{1}{2}} \tag{4.23}$$

Um die Schwingungsstabilität der bestehenden und vorgeschlagenen Konstruktionslösungen der Planetengetriebe vergleichend zu bewerten, werden numerische Werte der aktuellen und kritischen Drehzahlen der Planetenräder von leicht und hochbelasteten Stufen dieser mechanischen Systeme bestimmt.

In der bestehenden Designlösung des eingebauten Planetengetriebes klassischer Bauart ergibt sich

$$\begin{cases} \left(n_g^l\right)_k^b = 13,23 \dfrac{d_0^2}{d_g b_W^2}\left(\dfrac{E}{\rho}\right)^{\frac{1}{2}} = \\ = 13,23\dfrac{0,165^2}{0,858\cdot0,094^2}\left(\dfrac{2,1\cdot10^5}{7800}\right)^{\frac{1}{2}} = 245,6 \text{ min}^{-1}; \\ \left(n_g^h\right)_k^b = 13,23 \dfrac{d_0^2}{d_g b_W^2}\left(\dfrac{E}{\rho}\right)^{\frac{1}{2}} = \\ = 13,23\dfrac{0,2^2}{0,975\cdot0,204^2}\left(\dfrac{2,1\cdot10^5}{7800}\right)^{\frac{1}{2}} = 66,91 \text{ min}^{-1} \end{cases}$$

$$\left(n_g^l\right)^b = 241,258 < \left(n_g^l\right)_k^b = \mathbf{245,6(1,76\%)};$$

$$\left(n_g^{\mathrm{h}}\right)^b = 56,1598 < \left(n_g^h\right)_k^b = \mathbf{66,91(1,61\%)}$$

Geometrische Summe der aktuellen und kritischen Drehzahlen der Planetenräder des bestehenden Übertragungsmechanismus

$$\left(n_g^l\right)^b = \left[\left(n_g^l\right)^2 + \left(n_g^h\right)^2\right]^{\frac{1}{2}} = \mathbf{247,7} \ \mathrm{min}^{-1}$$

$$\left(n_g^l\right)_k^b = \left[\left(n_g^l\right)_k^2 + \left(n_g^h\right)_k^2\right]^{\frac{1}{2}} = \mathbf{254,55} \ \mathrm{min}^{-1}$$

Hiermit wird der Sicherheitsfaktor nach den Kriterien der kritischen Drehzahl der Planetenräder der bestehenden Konstruktion bestimmt:

$$S_{n_k}^b = \frac{\left(n_g\right)_k^l}{\left(n_g\right)^l} = \frac{254,55}{247,7} = \mathbf{1,03}$$

Gemäß der Betriebsnormen wird während des Betriebs der Kugelmühle für das vorhandene Planetengetriebe die zulässige Konstruktionsschwingung, die dem kritischen Drehzahl der Planetenräder [v] = 4 mm/s entspricht, gemessen.

In gleicher Weise wird der Wert des Sicherheitsfaktors $S_{n_k}^v$ nach den Kriterien der kritischen Drehzahl der Planetenräder der vorgeschlagenen Konstruktion bestimmt.

$$\begin{cases} \left(n_g^l\right)^v = \left[(-1)^k \frac{2}{u_\Sigma^l - 2}\right]n_a = \\ \quad = \frac{2}{9,8261-2}\cdot 750 = \mathbf{219,7} \ \mathrm{min}^{-1} \\ \left(n_g^h\right)^v = \left[(-1)^k \frac{2}{u_\Sigma^h - 2}\right]n_H^l = \\ \quad = \frac{2}{4,2174-2}\cdot 76,374 = \mathbf{68,8} \ \mathrm{min}^{-1} \end{cases}$$

$$\left(n_g^l\right)_k^v = 13{,}23\frac{d_0^2}{d_g b_W^2}\left(\frac{E}{\rho}\right)^{\frac{1}{2}} = $$
$$= 13{,}23\frac{0,165^2}{0,54\cdot 0,094^2}5,189 = 391,7 \ \mathrm{min}^{-1}$$

$$\left(n_g^h\right)_k^v = 13{,}23\frac{d_0^2}{d_g b_W^2}\left(\frac{E}{\rho}\right)^{\frac{1}{2}} = $$
$$= 13{,}23\frac{0,2^2}{0,4625\cdot 0,1955^2}5,189 = 155,3 \ \mathrm{min}^{-1}$$

$$\left(n_g^l\right)^v = 219{,}7 < \left(n_g^l\right)_k^v = 391,7 \ (43,9\%)$$

$$\left(n_g^{\mathrm{h}}\right)^{v} = 68{,}8 < \left(n_g^{\mathrm{h}}\right)_{k}^{v} = 155{,}3 \ (55{,}7\%)$$

Die geometrische Summe der aktuellen und kritischen Drehzahlen der Planetenräder des vorgeschlagenen Übertragungsmechanismus ergit sich zu

$$\left(n_g\right)_{k}^{v} = \left[\left(n_g^{l}\right)_{k}^{2} + \left(n_g^{\mathrm{h}}\right)_{k}^{2}\right]^{\frac{1}{2}} = \mathbf{421 \ min^{-1}}$$

$$\left(n_g\right)^{v} = \left[\left(n_g^{l}\right)^{2} + \left(n_g^{h}\right)^{2}\right]^{\frac{1}{2}} = \mathbf{230 \ min^{-1}}$$

Hiermit wird der Sicherheitsfaktor nach den Kriterien der kritischen Drehzahl der Planetenräder der vorgeschlagenen Konstruktion bestimmt:

$$S_{n_k}^{v} = \frac{\left(n_g\right)_{k}^{v}}{\left(n_g\right)^{v}} = \frac{421}{230} = \mathbf{1{,}83}$$

Daraus folgt, dass in der vorgeschlagenen Konstruktionslösung der Sicherheitsfaktor nach dem Kriterium der kritischen Drehzahl der Planetenräder 1,7767-mal so höch ist wie der Sicherheitsfaktor der bestehenden Konstruktion, was für die Lebensdauer des Kugelmühlenantriebs von großer praktischer Bedeutung ist.

Zur Beurteilung der Vibrationsresistenz von komplexen schweren Maschinen und Geräten ist das Vergleichskriterium des berechneten und kritischen zulässigen Wertes der Schwingungsamplitude dieser mechanischen Systeme am weitesten verbreitet. Mit diesem Ziel wird der Zusammenhang zwischen den Drehzahlen der Planetenräder und der zulässigen Schwingungsamplitude des Kugelmühlenantriebs ermittelt:

$$[\upsilon]_{\mathrm{v}} = \frac{\left(n_g\right)_{k}^{v}}{\left(n_g\right)_{k}^{b}}[\upsilon]_{\mathrm{b}} = \frac{421}{254{,}55} \cdot 4 = \mathbf{6{,}616} \ \mathrm{mm/s}$$

$$\Delta_{\upsilon} = \frac{[\upsilon]_{\mathrm{v}} - [\upsilon]_{\mathrm{b}}}{[\upsilon]_{\mathrm{b}}} \cdot 100\% = \frac{6{,}616 - 4}{4} \cdot 100\% = \mathbf{65{,}4\%}$$

Die erhaltenen Ergebnisse zeigen, dass die technischen Möglichkeiten (Tragfähigkeit) der vorgeschlagenen Konstruktionslösung des Übertragungsmechanismus mit doppelten radialen Planetenrädern nach dem Kriterium des zulässigen Wertes der Schwingungsamplitude deutlich höher sind als die des bestehenden Designs, was einen erheblichen wirtschaftlichen Vorteil darstellt.

Bei der Betrachtung der Gleichgewichtsbewegung (stetige Bewegung) der Planetengetriebe des Typs „2 K-H" der Kugelmühle wird die gesamte reduzierte Trägheitskraft gleich Null, wenn die in den Konstruktionselementen auftretenden Trägheitskräfte an einen beliebigen Punkt dieses mechanischen Systems gebracht werden. Im Gleichgewichtszustand in Planetengetrieben nehmen die dynamischen Gesetze der Kraft- und Momentenübertragung die Form statischer Gesetze an, so dass es grundsätzlich möglich wird, bei der Betrachtung nachfolgender Aufgaben auf die Trägheitskräfte zu verzichten, insbesondere bei der Beurteilung der wirtschaftlichen Effektivität der Nutzung des Innovationsantriebs der Kugelmühle, einschließlich der Kosten für Projektierung und Herstellung.

Bewertung der wirtschaftlichen Effektivität des innovativen Kugelmühlenantriebs in der Zementproduktion

5

In jüngster Zeit wurde intensiv über die Schaffung und den praktischen Einsatz von rentablen nachhaltigen Maschinen und Anlagen in verschiedenen Technologiebereichen geforscht.

Das Design und die technologische Vorbereitung der rentablen Produktion von hochwertigem Zement hängt weitgehend von der Ausrüstungsqualität ab, die eine hohe Zuverlässigkeit und Lebensdauer, ein hohes technisches Niveau und Produktivität, ein minimales Gewicht und geringe Abmessungen, Wartbarkeit usw. aufweisen muss.

Der Prozess der Suche (Synthese) nach innovativen technischen Lösungen der Kügelmühle für die Zementproduktion verursacht erhebliche Schwierigkeiten und erfordert eine Bewertung der Rentabilität ihrer einzelnen Konstruktionselemente nach bestimmten Kriterien.

5.1 Bewertung der wirtschaftlichen Effektivität der Optimierung des Gesamtübersetzungverhältnisses der leicht- und hochbelasteten Stufen der James Planetengetriebe vom Typ „2K-H" nach den Kriterien des Materialverbrauchs

Der Metallverbrauch von Planetengetrieben gilt als grundlegender Rohstoffindikator für den Kugelmühlenantrieb, der für die Festlegung seines Preises von erheblicher Bedeutung ist. Für die Reduzierung seiner Herstellungskosten ist die Verwendung modernerer innovativer Planetenmechanismen mit doppelten radialen Planetenrädern zu empfehlen.

© Der/die Autor(en), exklusiv lizenziert an Springer Fachmedien Wiesbaden GmbH, ein Teil von Springer Nature 2024
A. Abdullayev et al., *Entwicklung eines innovativen Planetengetriebes*, essentials, https://doi.org/10.1007/978-3-658-42938-6_5

Für eine vergleichende Beurteilung der Rentabilität des Kugelmühlenantriebs werden die Volumen der leicht- und hochbelasteten Stufen der bestehenden $(V_1)_b$, $(V_h)_b$ und vorgeschlagenen $(V_1)_v$, $(V_h)_v$ Konstruktionslösungen der Planetengetriebe durch die Wälzkreisdurchmesser des jeweiligen Hohlrads nach folgender Gleichung bestimmt:

$$(V) = \frac{\pi}{4} d_b^3 \psi_{bd} \varphi = \frac{\pi}{4} [z_d m(u-1)]^3 \psi_{bd} \varphi$$

$$(V_1)_b = \frac{\pi}{4} [23 \cdot 0{,}012(8{,}2174 - 1)]^3 \cdot 0{,}34 \cdot 0{,}8 = \mathbf{1{,}68775}\ \text{m}^3$$

$$(V_h)_b = \frac{\pi}{4} [24 \cdot 0{,}025(6{,}25 - 1)]^3 \cdot 0{,}34 \cdot 0{,}8 = \mathbf{6{,}67375}\ \text{m}^3$$

$$V_\Sigma^b = (V_1)_b + (V_h)_b = 1{,}68775 + 6{,}67375 = \mathbf{8{,}36}\ \text{m}^3$$

$$(V_1)_v = \frac{\pi}{4} [23 \cdot 0{,}012(9{,}826 - 1)]^3 \cdot 0{,}34 \cdot 0{,}8 = \mathbf{3{,}09694}\ \text{m}^3$$

$$(V_h)_v = \frac{\pi}{4} [23 \cdot 0{,}025(5{,}2174 - 1)]^3 \cdot 0{,}34 \cdot 0{,}8 = \mathbf{3{,}0449}\ \text{m}^3$$

$$V_\Sigma^v = (V_1)_v + (V_h)_v = 3{,}09694 + 3{,}04490 = \mathbf{6{,}14184}\ \text{m}^3$$

Gleichzeitig beträgt die Differenz im Gesamtvolumen der bestehenden V_Σ^b und der vorgeschlagenen V_Σ^v Konstruktionslösungen:

$$\Delta V_\Sigma = V_\Sigma^b - V_\Sigma^v = 8{,}36 - 6{,}14 = \mathbf{2{,}22}\ \text{m}^3\ (\mathbf{26{,}5}\ \%)$$

wobei $\varphi = 0{,}8$ – Anfüllfaktor des Getriebegehäuses mit seinen Konstruktionselementen.

Der Materialeinsatz ist beim vorgeschlagenen Design also erheblich geringer. Für die Berechnung der daraus resultierenden Kostenersparnis gegenüber dem Standardgetriebe werden folgende Ausgangsdaten verwendet: $N = 100$ St. – geplante Stückzahl der Planetengetriebe; $S_T = 300{,}0$ \$/t – angenommener Preis von einer Tonne Stahl (am 18.07.22 fast 800,0 €/t); $\rho = 7{,}8$ t/m³ – spezifisches Gewicht von Stahl.

Die Materialkosten bei der Produktion von 100 Planetengetrieben mit den bestehenden und vorgeschlagenen Konstruktionslösungen werden wie folgt bestimmt:

$$R_b = N\rho S_T V_\Sigma^b = 100 \cdot 7{,}8 \cdot 300 \cdot 8{,}36 = 1.956.240{,}0 \; US\$$$

$$R_v = N\rho S_T V_\Sigma^v = 100 \cdot 7{,}8 \cdot 300 \cdot 6{,}14 = 1.436.760{,}0 \; US\$$$

$$E = R_b - R_v = 1956240 - 1436760 = 519.880{,}0 \; US\$$$

5.2 Vergleichende Schätzung der Wirkung der Anzahl der umlaufenden und radialen Planetenräder auf den Materialverbrauch des Planetengetriebe vom Typ „2K-H" der Kugelmühle

Es wurde festgestellt, dass der „verallgemeinerte Parameter" – der Wälzkreisdurchmesser des Sonnenrads – von Planetengetrieben des Typs „2K-H" durch die Flankenpressung bestimmt wird.

Der Einfluss der Anzahl der radialen Planetenräder auf den Materialverbrauch wird bei gleichen Bedingungen wie im vorherigen Absatz betrachtet. In diesem Fall wird die Formel zur Bestimmung des Wälzkreisdurchmessers des Sonnenrads anhand der Flankenpressungsberechnung zugrunde gelegt:

$$(d_w)_a = K_d \left[\frac{T_H \cdot K_{H\beta} \cdot K_\omega}{\psi_{bd} \left(\sigma_{Hp}\right)^2} \frac{u+1}{C_0 u} \right]^{\frac{1}{3}} = A^* \left(\frac{u^*}{C_0} \right)^{\frac{1}{3}} \tag{5.1}$$

wobei $A^* = K_d \left[\frac{T_H \cdot K_{H\beta} \cdot K_\omega}{\psi_{bd}\left(\sigma_{Hp}\right)^2} \right]^{\frac{1}{3}}$.

Laut Ungleichung 4.14 ergibt sich die Anzahl der umlaufenden Planetenräder C_o aus der Bedingung ihres berührungslosen Zustands (die Nachbarschaftsbedingung) um das Sonnenrad:

$$(C_0) < \frac{\pi}{arcsin\left(\frac{u_\Sigma^{l,h} - 2 + \frac{4C_r}{Z_a}}{2C_P + u_\Sigma^{l,h} - 2} \right)}, \tag{5.2}$$

wobei $u_\Sigma^{l,h}$ jeweils die Gesamtübersetzung der leicht- und hochbelasteten Stufen des Planetengetriebes ist.

Offensichtlich muss C_o eine ganze Zahl sein. Wenn von einem ganzzahligen Abrunden ausgegangen wird, kann im Ausdruck (5.2) die Ungleichung durch ein Gleichheitszeichen ersetzt werden. Unter Berücksichtigung dieses Umstands wird eine funktionale Beziehung zwischen dem Teilkreisdurchmesser des Sonnenrades und der Anzahl C_0^* der umlaufenden doppelten oder dreifachen radialen Planetenräder ermittelt:

$$\left(d_a^{l,h}\right)_v = A^*\left[\frac{1}{C_0^*}\left(1 + \frac{2C_r}{u_\Sigma^{l,h}-2}\right)\right]^{\frac{1}{3}} \tag{5.3}$$

wobei C_0^* auf eine ganze Zahl gerundet wurde:

$$C_0^* = \frac{\pi}{arcsin\left(\frac{u_\Sigma^{l,h}-2+4C_r/Z_a}{2C_P+u_\Sigma^{l,h}-2}\right)} \tag{5.4}$$

Für eine vergleichende Bewertung laut (5.3) und der Daten aus Tab. 1.1 werden die Werte der Dimensionsparameter A_l^* und A_h^* für die leicht- und hochbelasteten Stufen der bestehenden Konstruktion bestimmt, wobei: $u_\Sigma^l = 8{,}217$; $u_\Sigma^h = 6{,}25$; $C_r = 1$ und $C_0^* = 3$

$$\left(d_a^l\right)_b = A_l^*\left[\left(1 + \frac{2}{8{,}217-2}\right)\cdot 3^{-1}\right]^{\frac{1}{3}} = 0{,}7609A_l^* = 276 \text{ mm}$$

$$A_l^* = \frac{276}{0{,}7609} = 362{,}73$$

$$\left(d_a^h\right)_b = A_h^*\left[\left(1 + \frac{2}{6{,}25-2}\right)\cdot 3^{-1}\right]^{\frac{1}{3}} = 0{,}7885A_h^* = 600{,}0 \text{ mm}$$

$$A_h^* = \frac{600}{0{,}7885} = 760{,}94$$

Da: $\left(T_H^l\right)_b = \left(T_H^l\right)_v$, dann: $\left(A_l^*\right) = \left(A_l^*\right)_v = \mathbf{362{,}73};$

Es ist offensichtlich, dass $\left(T_H^h\right)_v = \left(T_H^h\right)_b \cdot \left[\frac{(u_\Sigma^h)_v}{(u_\Sigma^h)_b}\right]^{\frac{1}{3}}$. In diesem Fall:

$$\left(A_h^*\right)_v = \left(A_h^*\right)_b \cdot \left[\frac{(u_\Sigma^h)_v}{(u_\Sigma^h)_b}\right]^{\frac{1}{3}} = 760{,}94 \cdot \left[\frac{9{,}8261}{8{,}217}\right]^{\frac{1}{3}} = \mathbf{807{,}68}$$

Hier $\left(T_H^l\right)_b$, $\left(T_H^h\right)_b$, $\left(T_H^l\right)_v$, $\left(T_H^h\right)_v$ – jeweils Drehmomente an den Wellen des zentralen Zahnrades der leicht- und hochbelasteten Stufen der bestehenden und vorgeschlagenen Konstruktionslösungen.

Weiter wird, wie bei der bestehenden Konstruktion, eine vorläufiges Wert C_0^* für das innovative Planetengetriebe mit verdoppelten Radialsatelliten bei $z_{a_{1,2}} = 23$ bestimmt:

$$
\left(C_0^* \right)_{l,h} = \begin{cases} \dfrac{3,14}{arcsin\left(\frac{9,84-2+\frac{8}{23}}{4+9,84-2} \right)} = 4,5408; \\ \qquad\qquad angenommen \left(C_0^* \right)_l = 4 \\ \dfrac{3,14}{arcsin\left(\frac{5,22-2+\frac{8}{23}}{4+5,22-2} \right)} = 6,3409; \\ \qquad\qquad angenommen \left(C_0^* \right)_h = 6 \end{cases}
$$

Es wird die Nachbarschaftsbedingung (das Vorhandensein einer garantierten Lücke zwischen den umlaufenden Planetenrädern) der leicht- und hochbelasteten Stufen des eingebauten Planetengetriebes überprüft. Nach der Festlegung der endgültigen geraden Anzahl umlaufender Planetenräder und der Zähnezahl des Sonnenrad der vorgeschlagenen Konstruktionslösung wird aus dem Ausdruck (5.3) der Teilkreisdurchmesser des Sonnenrads bestimmt:

$$
\left(d_a^l \right)_v = 362,73 \left[\frac{1}{4} \left(1 + \frac{2 \cdot 2}{9,84 - 2} \right) \right]^{\frac{1}{3}} = 262,1654 \text{ mm}
$$

$$
\left(z_a^l \right)_v = \frac{\left(d_a^l \right)_v}{\left(m^l \right)_v} = \frac{262,1654}{12} = 21,8471
$$

Es wird $\left(z_a^l \right)_v = \mathbf{22}$ angenommen.

Endgültig $\left(d_a^l \right)_v = 12 \cdot 22 = 264$ mm

Hier: $\left(d_b^l \right)_v = \left(d_a^l \right)_v \left[\left(u_\Sigma^l \right)_v - 1 \right] = 264 \cdot (9,84 - 1) = 2333,76$ mm

$$
\left(z_b^l \right)_v = \frac{\left(d_a^l \right)_v}{\left(m^l \right)_v} = \frac{2333,76}{12} = 194,48
$$

Es wird $\left(z_b^l \right)_v = \mathbf{194}$; $\left(d^l \right)_v = 2328$ mm angenommen.

Die Zähnezahl der verdoppelten radialen Planetenräder:

$$
\left(z_{g_{1,2}}^l \right)_v = \frac{\left(z_b^l \right)_v - \left(z_a^l \right)_v}{2 C_p} = \frac{194 - 22}{2 \cdot 2} = \mathbf{43}
$$

Es wird $\left(z_{g_1}^l \right) = \left(z_{g_2}^l \right) = \mathbf{43}$ angenommen und dann die Nachbarschaftsbedingung überprüft:

$$
\left[\left(z_a^l \right)_v + \left(z_{g_1}^l \right)_v \right] sin \frac{\pi}{\overset{*}{0}} > \left(z_{g_1}^l \right)_v + 1; (22 + 43) \cdot 0,7071 > 43 + 1
$$

$$45,96 > 44$$

Die Nachbarschaftsbedingung ist erfüllt.

Dadurch wird die Anzahlerhöhung von umlaufenden Planetenräder in der leichtbelasteten Stufe der vorgeschlagenen Designlösung des Planetengetriebes voll ausgenutzt.

Ebenso werden die charakteristischen Parameter der hochbelasteten Stufe bestimmt und für deren Planetenräder die Nachbarschaftsbedingung überprüft.

$$\left(d_a^h\right)_v = 807{,}68 \left[\frac{1}{6}\left(1 + \frac{2 \cdot 2}{5{,}22 - 2}\right)\right]^{\frac{1}{3}} = 807{,}68 \cdot 0{,}7203 = 581{,}7674 \text{ mm}$$

$$\left(z_a^h\right)_v = \frac{\left(d_a^h\right)_v}{\left(m^h\right)_v} = \frac{581{,}7674}{25} = 23{,}27$$

Es wird $\left(z_a^h\right)_v = \mathbf{23}$ angenommen.

Endgültig $\left(d_a^h\right)_v = 25 \cdot 23 = 575$ mm

Der Teilkreisdurchmesser des Hohlrads:

$$\left(d_b^h\right)_v = \left(d_a^h\right)_v \left[\left(u_\Sigma^h\right)_v - 1\right] = 575 \cdot (5{,}22 - 1) = 2426{,}5 \text{ mm}$$

Seine Zähnezahl: $\left(z_b^h\right)_v = \frac{2426{,}5}{25} = 97$

Die Durchmesserdifferenz der Hohlräder der leicht- und hochbelasteten Stufen des Getriebes wird bestimmt:

$$\left(d_b^h\right)_v - \left(d_b^l\right)_v = 97 \cdot 25 - 194 \cdot 12 = \mathbf{97} \text{ mm}$$

Dies entspricht 4 %.

Es wird das Vorhandensein einer garantierten Lücke zwischen den umlaufenden Planetenrädern ermittelt, die am nächsten zum Sonnenrad der hochbelasteten Stufe platziert werden.

Aus der Koaxialitätsbedingung ergibt sich:

$$z_{g_1} + z_{g_2} = 0{,}5(z_b - z_a) = 0{,}5(97 - 23) = 37$$

Hier: $z_{g_1} + z_{g_2} = 18 + 19 = 37$

$$\left[\left(z_a^h\right)_v + \left(z_{g_1}^h\right)_v\right]\sin\frac{\pi}{\underset{0}{*}} > \left(z_{g_1}^h\right)_v + 2; \ (23 + 18)\sin\frac{\pi}{6} > 18 + 2$$

$$\mathbf{20{,}5 > 20}$$

Die Nachbarschaftsbedingung ist erfüllt.

Mit der Größe der Wälzkreisdurchmesser der Hohlräder wird das Volumen des Hohlrads und damit der Materialeinsatz des Getriebes bestimmt:

$$(V_{l.h})_v = \frac{\pi}{4} \left[\left(z_a^{l.h} \right)_v m_{l.h} (u_{l.h} - 1) \right]^{\frac{1}{3}} \psi_{bd} \varphi$$

Als Nächstes werden die Volumen verglichen, die von den Hohlrädern der leicht- und hochbelasteten Stufen des vorgeschlagenen Planetengetriebes mit $\left(\left(V_l^v \right)_{mB}, \left(V_h^v \right)_{mB} \right)$ und ohne $\left(\left(V_l^v \right)_{oB}, \left(V_h^v \right)_{oB} \right)$ Berücksichtigung der Planetenräder belegt werden.

$$\left(V_l^v \right)_{mB} = \frac{\pi}{4} [22 \cdot 0{,}012 \cdot (9{,}84 - 1)]^3 \cdot 0{,}34 \cdot 0{,}3 = 2{,}71398 \, \text{m}^3$$

$$\left(V_h^v \right)_{mB} = \frac{\pi}{4} [23 \cdot 0{,}025 \cdot (5{,}22 - 1)]^3 \cdot 0{,}34 \cdot 0{,}3 = 3{,}05056 \, \text{m}^3$$

Das Gesamtvolumen des vorgeschlagenen Planetengetriebes unter Berücksichtigung der Planetenräder beträgt:

$$\left(V_\Sigma^v \right)_{mB} = \left(V_l^v \right)_{mB} + \left(V_h^v \right)_{mB} = 2{,}71398 + 3{,}05056 = 5{,}76454 \, \text{m}^3$$

Das zuvor (*Seite 49*) berechnete Gesamtvolumen ohne Berücksichtigung der Planetenräder betrug:

$$\left(V_\Sigma^v \right) = \left(V_\Sigma^v \right)_{oB} = \left(V_l^v \right)_{oB} + \left(V_h^v \right)_{oB} = 3{,}09694 + 3{,}04490 = 6{,}14184 \, \text{m}^3$$

Hier charakterisiert der Volumenunterschied den quantitativen Einfluss der radialen Planetenräder bei der Herstellung der vorgeschlagenen Designlösung auf den Materialverbrauch des betreffenden mechanischen Systems und damit auf die Kosten für den Materialeinkauf.

$$\Delta V_\Sigma = \left(V_\Sigma^v \right)_{mB} - \left(V_\Sigma^v \right)_{mB} = 6{,}14184 - 5{,}76454 = 0{,}3773 \, \text{m}^3$$

Der Prozentsatz beträgt:

$$\Delta V\% = \frac{0{,}3778}{6{,}14184} \cdot 100\% = \mathbf{6{,}1431} \, \%$$

Im ersten Ansatz zur Bewertung der wirtschaftlichen Effektivität der Reduzierung der Materialkosten (beim Stahlpreis 300 US\$/t) der vorgeschlagenen Designlösung des Planetengetriebes betrug die Einsparung gegenüber der bestehenden Konstruktion der Gesamtgewinn bei der Produktion von 100 Getrieben 519.880,00 US\$/Jahr.

Und der zusätzliche wirtschaftliche Effekt des quantitativen Einflusses radialer Planetenräder beträgt:

$$E^* = E \frac{\Delta V\%}{100\%} = 519880 \cdot \frac{6.1431}{100} = 31.936,75 \ US\$$$

Somit wird der gesamte wirtschaftliche Effekt nur aus der Verringerung des Materialverbrauchs der vorgeschlagenen Konstruktionslösung bei 100 Getrieben wie folgt sein:

$$E_\Sigma = E + E^* = 519.880,00 + 31.936,75 = 551.816,75 \ US\$$$

Zur Verdeutlichung zeigt Tab. 5.1 die wichtigsten charakteristischen Parameter des innovativen Planetengetriebes mit doppelten radialen Planetenrädern des Kugelmühlenantriebs für die Zementproduktion.

Zudem ist zu beachten, dass die technischen Möglichkeiten, solche und ähnlich komplexe Multiparameteraufgaben zu lösen, hier nicht ausgeschöpft sind. Eine der technischen Aufgaben könnte in Zukunft die Möglichkeit sei, künstliche

Tab. 5.1 Charakteristische Parameter des innovativen Planetengetriebes mit doppelten radialen Planetenrädern

Name, Zeichen und Maßeinheit der Parameter	Wert des Parameters	
	LBP	HBP
Zähnezahl der Zahnräder: $z_a/z_{g_1}/z_{g_2}/z_b$	22/45/45/194	23/18/19/97
Teilkreisdurchmesser des Sonnenrads, d_a mm	264	575
Verzahnungsmodul, m, mm	12	25
Übersetzungsverhältnis, u	9,84	5,22
Achsabstand zwischen den Zentral- und Planetenrädern, mm	402/672	512,5/750
Eingriffswinkel, α	20°	
Dauerfestigkeitswert für die Zahnfußbiegespannung σ_{Flim}, N/mm²	500/350/259	
Dauerfestigkeitswert für die Flankenpressung σ_{Hlim}, N/mm²	1500/1500/600	
Lastverteilungsfaktor zwischen den Planetenrädern, κ_ω	1,1	
Zusätzliche wirtschaftliche Effektivität, E^*	31.936,75 $	
Gesamte wirtschaftliche Effektivität, E_Σ	519.880,00 $	

Intelligenz im explorativen Design einzusetzen, um solche mechanischen Systeme zu entwickeln.

5.3   Bewertung des technischen Niveaus vorhandener und vorgeschlagener Konstruktionen des Kugelmühlenantriebs

Einer der wichtigsten quantitativen Indikatoren moderner Getriebe, der das Verhältnis der Kosten und des erzielten Ergebnisses widerspiegelt, ist ihr **technisches Niveau.**

In diesem Zusammenhang wurden die technischen Niveaus für die bestehenden γ_b und vorgeschlagenen γ_v Planetengetriebe des Kugelmühlenantriebs bestimmt, um sie mit den normativen Qualitätsindikatoren zu vergleichen. Dabei wurde als „Ergebnis" das Drehmoment eines sich langsam bewegenden Stegs übernommen, und als „objektives Maß" für die ausgegebenen Mittel wurde die Masse des Planetengetriebes herangezogen:

$$\gamma_b = \frac{V_\Sigma^b \rho}{T^*} = \frac{8{,}36 \cdot 7{,}8 \cdot 10^3}{3708090} = 0{,}0176\, \frac{\text{kg}}{\text{Nm}} < \mathbf{0{,}06}$$

$$\gamma_v = \frac{V_\Sigma^v \rho}{T^*} = \frac{6{,}14 \cdot 7{,}8 \cdot 10^3}{3708090} = 0{,}0129\, \frac{\text{kg}}{\text{Nm}} < \mathbf{0{,}06}$$

wobei das Drehmoment auf dem sich langsam bewegenden Steg wie folgt ermittelt wurde:

$$T^* = 9550 \frac{P}{n} u_\Sigma \eta_\Sigma = 9550 \frac{6300}{750} 51{,}36 \cdot 0{,}9 = 3.708.090{,}00\,\text{Nm}.$$

Gemäß den regulatorischen Normen entsprechen also beide Planetengetriebe, die bestehende und die vorgeschlagene Konstruktionsvariante, den Rekordmustern.

Was Sie aus diesem *essential* mitnehmen können

- Eine Methode zur Systematische Bestimmung der Planeten-Anzahl unter Berücksichtigung der dynamischen Beanspruchbarkeit
- Einen Verfahren zur Berechnung den optimalen Übersetzungsverhältnisse von leicht- und hochbelasteten Stufen des Planetengetriebes

Zusammenfassung und Ausblick

1. Es wurde ein Arbeitsmodell des innovativen James-Planetengetriebes vom Typ 2 K-H mit doppelten radialen Planetenrädern für den Antrieb einer Kugelmühle zur Zementproduktion entwickelt, hergestellt und getestet, wobei dessen Neuheit 2022 (Antrag Nr.: 202.100.264 v. 28.10.2021) bei der Eurasischen Patentorganisation EAPO beantragt wurde.
2. Die wissenschaftliche Grundlage für den kreativen Ansatz zur Entwicklung dieses Planetengetriebes wurde erarbeitet
3. Die optimalen Übersetzungsverhältnisse von leicht- und hochbelasteten Stufen des Planetengetriebes der Kugelmühle wurden durch die klassische Lagrange-Multiplikatoren-Methode und der Methode der aufeinanderfolgenden Näherungen ermittelt, um die Gleichheit der Außendurchmesser den Hohlräder zu gewährleisten.
4. In der vorgeschlagenen Konstruktionslösung des Planetengetriebes ist es möglich, durch Zerlegung massiver umlaufender Planetenräder in zwei oder drei radiale Räder den Wälzkreisdurchmesser des Sonnenrads zu reduzieren
5. Erstmals wurde eine analytische Beziehung zwischen den umlaufenden und radialen Planetenrädern der innovativen Designlösung des Planetengetriebes „2 K-H" ermittelt, die für die Beurteilung seines Materialverbrauchs von erheblicher praktischer Bedeutung ist
6. Mittels eines numerischen Experiments wurde festgestellt, dass nach dem Kriterium der kritischen Rotationsgeschwindigkeit die vorgeschlagene Entwurfslösung die bestehende um das 0,7767-fache und nach dem Kriterium der zulässigen Oszillationsamplitude um 50 % überschreitet
7. Laut vergleichender Analyse wurde festgestellt, dass der Unterschied im Volumen der bestehenden und vorgeschlagenen Konstruktionslösungen ca. **26,5 %** beträgt, was bei der Herstellung von 100 Stück des vorgeschlagenen Planeten-

getriebes einer Reduzierung der Materialkosten in Höhe von **519.880,00 \$** entspricht

8. Der Einfluss von verdoppelten radialen Planetenrädern auf den Materialverbrauch wurde bewertet. Der zusätzliche wirtschaftliche Effekt der Kostenreduzierung für den Stahlankauf bei der Herstellung von 100 Getriebeeinheiten beträgt ca. **31.936,75 \$**

9. Als quantitativer Indicator wurde das technische Niveau des Getriebes ermittelt, das das Verhältnis der ausgegebenen Mittel widerspiegelt, dessen objektives Maß die Masse der hochbelasteten Stufe des Planetengetriebes ist, und der erzielten Ergebnisse, als deren Merkmal das Drehmoment auf der Welle des Abtriebsstegs verwendet wurde. Nach den erzielten Ergebnissen entsprechen sowohl die bestehenden als auch die innovativen Planetengetriebe den Rekordmustern

Folgende Arbeiten, die in den Jahren 2003 bis 2020 unter Beteiligung von Mitarbeitern des Lehrstuhls für Maschinendesign des Forschungsinstitut für Maschinenwesen an der Aserbaidschanischen TU entstanden sind, sind zum Teil mit in diese Arbeit eingeflossen.

1	H.H. Gafarov, A.B. Hajiev S.A. Adgezalova	Kreativer Ansatz für die Entwicklung eines innovativen Kugelmühlenantriebs für die Zementproduktion. Materialien der XVI Internationalen Wissenschaftlichen Konferenz „Tolerant values in the modern world". Zum 115. Jubileum von M. Schahriyar. Baku, 2021, S. 264–268, (russisch)
2	Abdullayev A.I., Chalabi I.Q	Estimation of the reliability of the gear-motor system using a Markov model. Journal of Machinery Manufacture and Reliability. ISSN 1052–6188. 2020, Vol. 49, No.2. pp.129–136, (englisch)
3	A.I. Abdullayev, A.M. Najafov, H.H. Gafarov D.A.Mamedzade	Ein systematischer Ansatz zur Synthese von Planetengetrieben des Kugelmühlenantriebs für die Zementherstellung. „Maschinenbau", 2017, Nr. 1, S. 45–55, (russisch)
4	A.I. Abdullayev, A.M. Najafov, H.H. Gafarov	Die Bewertung der qualitativen Kennzeichen der neuen Designlösung des Planetengetriebes. „Maschinenbau", 2016, Nr. 2, S. 11–16, (russisch)
5	A.I. Abdullayev, A.M. Najafov	Optimizing Modular Gears in the Mechanical Drive of Beam Pumps. Russian Engineering Research, New-York, USA, 2009, Vol. 29, № 1, pp. 7–9, ISSN 1068-798X, (englisch)

Einige Definitionen, die oft zu treffen sind.

1. PG – Planetengetriebe
2. LBP – leichtbelastete Planetengetriebe
3. HBP – hochbelastete Planetengetriebe
4. $(u_\Sigma)_1 \equiv u_\Sigma^l$ – Gesamtübersetzung des LBP (index ^{l})
5. $(u_\Sigma)_2 \equiv u_\Sigma^h$ – Gesamtübersetzung des HBP (index ^{h})
6. $(z_a)_b, (z_a)_v$, – jeweils Zähnezahl des Sonnenrads bestehender (index $_b$) und vorgeschlagener (index $_v$) Konstruktionslösungen des PG;
7. $(d_w)_{ab}^l; (d_w)_{ab}^h; (d_w)_{av}^l; (d_w)_{av}^h$ – jeweils die Wälzkreisdurchmesser der Sonnenräder leicht- und hochbelasteter Stufen der bestehenden und vorgeschlagenen Konstruktionslösungen der eingebauten PG;
8. $\left(n_g^l\right)^b; \left(n_g^h\right)^b$ und $\left(n_g^l\right)_k^b; \left(n_g^h\right)_k^b$ – jeweils die aktuellen und kritischen Drehzahlen leicht- und hochbelasteter Stufen der bestehenden Konstruktionslösung der PG;
9. $\left(n_g^l\right)^v; \left(n_g^h\right)^v$ und $\left(n_g^l\right)_k^v; \left(n_g^h\right)_k^v$ – jeweils die aktuellen und kritischen Drehzahlen leicht- und hochbelasteter Stufen der vorgeschlagenen Konstruktionslösung der PG;
10. $\left(V_{l,h}\right)_b; \left(V_{l,h}\right)_b$ – jeweils die Hohlradvolumen von LBP und HBP in bestehenden PG;
11. $\left(V_{l,h}^v\right)_{mB}; \left(V_{l,h}^v\right)_{oB}$ – jeweils die Hohlradvolumen von LBP und HBP in der vorgeschlagenen Konstruktionslösung PG mit $(_{mB})$ und ohne $(_{oB})$ Einfluss der doppelten radialen Planetenräder.

A. Abdullayev et al., *Entwicklung eines innovativen Planetengetriebes*, essentials, https://doi.org/10.1007/978-3-658-42938-6

Beiträge und Einstellungen der Autoren

Der Zweck der Entwicklung ist die Schaffung und die Herstellung einer hochqualitativen Kugelmühle. Selbsverständlich wird die Entwicklung so einer strategischen Anlage durch die Erfindung einer Reihe von zusammenhängenden effektivsten technischen Lösungen sichergestellt. Um dies zu tun, mussten die Autoren viele Optionen synthetisieren und analysieren, was aus einer Reihe von Gründen ohne den Einsatz eines kreativen Ansatzes schwierig oder unmöglich ist.

In diesem Buch wurden die langjährigen wissenschaftlichen Ergebnisse des Autorenteams in dieser Richtung systematisiert und zusammengefasst.

Die Autoren nehmen Anregungen zur Korrektur und Überarbeitung dieses Werkes gern entgegen.

Die Autoren danken Herrn Prof. Dr.-Ing. Dr. h. c. A. Albers für die Rezension sowie wertvolle Kommentare und Vorschläge.

Ferner danken die Autoren Herrn M. S. Kübler, M. Sc. vom IPEK der Karlsruher Institut für Technologie sowie Herrn Dipl.-Ing. E. Blaschke vom Lektorat für Maschinenbau der Springer Vieweg für die Korrektur der deutscher Auflage dieser Arbeit.

Literatur

1. Maschinenelemente und die Grundlagen von Maschinendesign. Projektieren von Maschinenantriebs. (Lehrbuch). Unter Leitung von Prof., Dr. A.M. Najafov, Baku: AzTU-Verlag, 2018, 315 S., (aserbaidschanisch)
2. Theorie der Mechanismen und Maschinen: Ein Lehrbuch für Studenten der technischen Hochschulen/ I. I. Artobolevskiy – Moskau: AlyanS, 2011. – 639 S. (russisch)
3. Abdullaev A.I, Mamedov R.K. Gümayev M.H. Maschinenelemente und die Grundlage von Maschinenkonstruktion (Lehrbuch). Baku: Elm-Verlag, 2003. 462 S., (azerbaidschanisch)
4. Anuryev V.I. Handbuch des Maschinenbaukonstrukteurs. Moskau: Maschinenbauverlag, 2001, 920 S., (russisch)
5. Ivanov M.N., Finogenov F.A. Maschinenelemente. M., 2008, 408 S., (russisch).
6. G. Niemann, H. Winter. Maschinenelemente. Band II. Getriebe allgemein, Zahnradgetriebe-Grundlagen, Stirnradgetriebe. 2. Auflage. Springer Verlag, 1989.- 376 S.
7. Herbert .W. Müller. Die Umlaufgetriebe: Auslegung und vielseitige Anwendungen. 2. Auflage. Berlin: Springer-Verlag, 1998, 260 S.
8. Kudravtsev V.N. Planetengetriebe. Handbuch. Moskau: Verlag Maschinenbauverlag, 1977, 536 S., (russisch)

© Der/die Herausgeber bzw. der/die Autor(en), exklusiv lizenziert an Springer Fachmedien Wiesbaden GmbH, ein Teil von Springer Nature 2024
A. Abdullayev et al., *Entwicklung eines innovativen Planetengetriebes,* essentials, https://doi.org/10.1007/978-3-658-42938-6

Printed in the United States
by Baker & Taylor Publisher Services